"十四五"职业教育国家规划教材

高等职业教育工业机器人技术系列教材

工业机器人操作与编程

主　编　高　丹　田　超
副主编　樊启永　戴　琨
参　编　朱　翔　吴建月　张川宝
　　　　牛彩雯　屈尔庆

本书以 ABB 工业机器人为本体，通过五个项目：工业机器人的认知与操作、搬运类工业机器人的应用编程、打磨类（去毛刺）工业机器人的应用编程、焊接类工业机器人的应用编程及工业机器人自动生产线的设计，对工业机器人的典型应用进行介绍，以满足工业机器人本体制造企业、系统集成企业、应用企业等对人才的不同需求。本书内容安排由浅入深，由易到难，以实践为主，遵循"初识工业机器人—工业机器人实践—工业机器人生产线设计"主线，在任务的选择上"以职业活动为导向、以职业技能为核心"，实现育训结合，符合职业院校学生的认知规律。

本书选材典型，内容全面，案例丰富，并依托国家级教学资源库，适合作为高职院校工业机器人技术、机电一体化技术、电气自动化技术、智能控制技术、工业网络技术、数控设备应用与维护、自动化生产设备应用、工业过程自动化技术等专业的教材，也可作为工业机器人编程、操作、设计、使用、维修、维护人员的参考用书。

本书配套工作页及丰富的教学资源，书中植入二维码可扫码观看视频，可登录 www.cmpedu.com 注册并下载 PPT、电子教案等。

图书在版编目（CIP）数据

工业机器人操作与编程/高丹，田超主编. —北京：机械工业出版社，2020.9（2025.2 重印）
高等职业教育工业机器人技术系列教材
ISBN 978-7-111-66453-6

Ⅰ.①工… Ⅱ.①高… ②田… Ⅲ.①工业机器人-操作-高等职业教育-教材②工业机器人-程序设计-高等职业教育-教材 Ⅳ.①TP242.2

中国版本图书馆 CIP 数据核字（2020）第 165816 号

机械工业出版社（北京市百万庄大街 22 号　邮政编码 100037）
策划编辑：赵红梅　　　　　责任编辑：赵红梅　冯睿娟
责任校对：郑　婕　张　征　封面设计：马精明
责任印制：张　博
北京建宏印刷有限公司印刷
2025 年 2 月第 1 版第 8 次印刷
184mm×260mm·12.75 印张·309 千字
标准书号：ISBN 978-7-111-66453-6
定价：45.00 元

电话服务　　　　　　　　　　网络服务
客服电话：010-88361066　　　机　工　官　网：www.cmpbook.com
　　　　　010-88379833　　　机　工　官　博：weibo.com/cmp1952
　　　　　010-68326294　　　金　书　网：www.golden-book.com
封底无防伪标均为盗版　　　　机工教育服务网：www.cmpedu.com

关于"十四五"职业教育
国家规划教材的出版说明

为贯彻落实《中共中央关于认真学习宣传贯彻党的二十大精神的决定》《习近平新时代中国特色社会主义思想进课程教材指南》《职业院校教材管理办法》等文件精神,机械工业出版社与教材编写团队一道,认真执行思政内容进教材、进课堂、进头脑要求,尊重教育规律,遵循学科特点,对教材内容进行了更新,着力落实以下要求:

1. 提升教材铸魂育人功能,培育、践行社会主义核心价值观,教育引导学生树立共产主义远大理想和中国特色社会主义共同理想,坚定"四个自信",厚植爱国主义情怀,把爱国情、强国志、报国行自觉融入建设社会主义现代化强国、实现中华民族伟大复兴的奋斗之中。同时,弘扬中华优秀传统文化,深入开展宪法法治教育。

2. 注重科学思维方法训练和科学伦理教育,培养学生探索未知、追求真理、勇攀科学高峰的责任感和使命感;强化学生工程伦理教育,培养学生精益求精的大国工匠精神,激发学生科技报国的家国情怀和使命担当。加快构建中国特色哲学社会科学学科体系、学术体系、话语体系。帮助学生了解相关专业和行业领域的国家战略、法律法规和相关政策,引导学生深入社会实践、关注现实问题,培育学生经世济民、诚信服务、德法兼修的职业素养。

3. 教育引导学生深刻理解并自觉实践各行业的职业精神、职业规范,增强职业责任感,培养遵纪守法、爱岗敬业、无私奉献、诚实守信、公道办事、开拓创新的职业品格和行为习惯。

在此基础上,及时更新教材知识内容,体现产业发展的新技术、新工艺、新规范、新标准。加强教材数字化建设,丰富配套资源,形成可听、可视、可练、可互动的融媒体教材。

教材建设需要各方的共同努力,也欢迎相关教材使用院校的师生及时反馈意见和建议,我们将认真组织力量进行研究,在后续重印及再版时吸纳改进,不断推动高质量教材出版。

机械工业出版社

前言

中国制造业处于向高端转型的关键时期，工业机器人技术集精密化、柔性化、智能化、软件应用开发等先进制造技术于一体，工业机器人与自动化成套装备是生产过程的关键设备，支撑"中国制造"走向"中国智造"，可用于制造、安装、检测、物流等生产环节，并广泛应用于汽车整车及汽车零部件、工程机械、轨道交通、低压电器、电力、IC装备、军工、金融、医药、冶金及印刷出版等众多行业。

工业机器人技术集中并融合了多项学科，涉及多项技术领域，包括工业机器人控制技术、自动生产线、传感器技术、建模加工一体化、工厂自动化以及精细物流等，技术综合性强。本书针对ABB工业机器人，按照"1+X"工业机器人应用编程职业技能要求，以项目教学法进行内容安排和整合，体现了一体化教学，注重培养职业技能和职业素质。

本书具有如下特点：

1. 对接职业岗位需求，融入新技术、新工艺。

本书教学目标对接企业的工业机器人应用编程岗位的需求，引入工业机器人本体制造企业、系统集成企业、应用企业的新技术、新工艺，围绕工业机器人应用的典型工作环节，构建以核心职业能力和创新能力培养为主的内容。

2. 梳理课程知识树，建设颗粒化教学资源。

按照共享平台设计、结构化课程、颗粒化资源的建设思路，梳理各项目相关的知识点和技能点知识树，并以此为中心进行微课、文本素材、课件等颗粒化资源的建设。

3. 体系架构灵活，便于教学安排。

本书各项目相对独立，并配有工作页，在教学中可以根据专业教学要求和实际设备选择部分项目或项目中的部分任务进行教学。

4. 项目按由易到难的方式编排，符合认知规律。

各项目内容按照由易到难的方式编排，侧重职业技能和职业素质的培养，符合高职学生的学习特点和认知规律。

本书由高丹、田超任主编，樊启永、戴琨任副主编，参加编写的人员还有朱翔、吴建月、张川宝、牛彩雯、屈尔庆。具体编写分工：项目一、二、三由高丹、田超编写，项目四、五由樊启永、戴琨编写，工作页由朱翔、吴建月、张川宝、牛彩雯、屈尔庆编写。

由于编者水平有限，书中难免存在疏漏之处，望广大读者批评、指正，以便进一步提高本书的质量。

编　者

目 录

前言

项目一　工业机器人的认知与操作 …… 1
 项目目标 …………………………… 1
 项目内容 …………………………… 1
  任务一　特定行业工业机器人选型、建立工具坐标 …………………… 1
  任务二　ABB工业机器人手动操作 … 16
 项目测评 …………………………… 33
 项目小结 …………………………… 34

项目二　搬运类工业机器人的应用编程 …………………………… 35
 项目目标 …………………………… 35
 项目内容 …………………………… 35
  任务一　搬运机器人的典型应用编程 … 35
  任务二　数控上下料机器人的典型应用编程 …………………… 84
  任务三　码垛机器人的典型应用编程 … 104
 项目测评 …………………………… 111
 项目小结 …………………………… 112

项目三　打磨类（去毛刺）工业机器人的应用编程 …………… 113
 项目目标 …………………………… 113
 项目内容 …………………………… 113
  任务　去毛刺工业机器人的典型应用编程 …………………… 113
 项目测评 …………………………… 128
 项目小结 …………………………… 128

项目四　焊接类工业机器人的应用编程 …………………………… 129
 项目目标 …………………………… 129
 项目内容 …………………………… 129
  任务一　弧焊机器人的典型应用编程 … 129
  任务二　点焊机器人的典型应用编程 … 136
 项目测评 …………………………… 145
 项目小结 …………………………… 145

项目五　工业机器人自动生产线的设计 …………………………… 146
 项目目标 …………………………… 146
 项目内容 …………………………… 146
  任务　工业机器人自动生产线的设计过程 …………………… 146
 项目测评 …………………………… 160
 项目小结 …………………………… 161

参考文献 …………………………… 162

项目一 工业机器人的认知与操作

1. 认识工业机器人，了解工业机器人系统的组成和机械结构。
2. 学会工业机器人的控制方式。
3. 学会根据现场工艺为企业选择适合的工业机器人。
4. 学会手动操作工业机器人。

任务一 特定行业工业机器人选型、建立工具坐标

【任务目标】

一、知识目标

（1）学会分析工业机器人的系统组成。
（2）学会工业机器人的控制方式和性能指标（自由度、负载、运动范围、工作速度、精度）。
（3）学会工业机器人的机械结构。

二、能力目标

（1）能对特定行业工业机器人的工艺要求有所了解。
（2）按指定行业的工艺要求完成工业机器人选型，并建立工具坐标系。

三、素质目标

（1）具备解决问题的逆向思维能力。
（2）培养敬业精神和职业道德。
（3）培养较强的集体意识和团队合作精神。

【知识准备】

工业机器人（通用及专用）一般指用于机械制造业中代替人完成具有大批量、高质量要求的工作，如汽车、摩托车、舰船、某些家电产品（电视机、电冰箱、洗衣机）等行业自动化生产线中的点焊、弧焊、喷漆、切割、电子装配及物流系统的搬运、包装、码垛等作业的机器人。

一、工业机器人系统的组成

工业机器人系统组成

工业机器人系统由三大部分六个子系统组成：三大部分为控制部分、机械部分和传感检测部分；六大子系统为，驱动系统、机械结构系统、感受系统、机器人-环境交互系统、人机交互系统、控制系统。其组成框图如图1-1所示。

1. 驱动系统

驱动系统是使机器人正常工作运行，为各个关节（运动自由度）安装的传动部件提供动力的装置。

工业机器人驱动系统按动力源不同可分为液压驱动系统、气动驱动系统和电动驱动系统三种基本类型。根据实际需要，可采用三种基本驱动系统中的一种系统，或结合起来应用的综合系统。

（1）液压驱动系统

液压驱动系统由一般的发动机带动液压泵，液压泵转动形成高压液流（动力），通过液压管路将高压液体（一般是液压油）接到液压马达，使液压马达转动，形成驱动力。

液压技术是一种比较成熟的技术，它具有动力大、力（或力矩）与转动惯量比大、响应快速、易于实现直接驱动等特点，适于在重载、低速驱动的喷涂、点焊、托运、铸锻行业中应用。但液压驱动系统需进行能量转换（电能转换成液压能），速度控制多数情况下采用节流调速，效率比电动驱动系统低。液压系统的液体泄漏会对环境产生污染，工作噪声

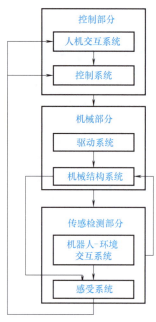

图1-1 工业机器人系统组成框图

也较高。因此近年来在负荷为100kg以下的工业机器人中常被电动驱动系统取代。

（2）气动驱动系统

气动驱动系统与液压驱动系统相似，但气动驱动系统是利用气体抗挤压力来实现力的传递的。

气动驱动系统具有速度快、结构简单、维修方便、价格低等特点，适于在中、小负荷的工业机器人中采用。但因难于实现伺服控制，目前多用于程序控制的机器人中，如在上、下料和冲压机器人中应用较多。

（3）电动驱动系统

电动驱动系统是利用各种电动机产生的力矩和力，直接或间接地驱动工业机器人本体的各种运动的执行机构，如图1-2所示。由于具有低惯量、大转矩的优点，直流伺服电动机及其配套的伺服驱动器（交流变频器、直流脉冲宽度调制器）被广泛采用，这类驱动系统在工业机器人中被大量选用。这类系统无须能量转换，使用方便，控制灵活。大多数电动机后面须安装精密的传动机构。直流有刷电动机不能直接用于要求防爆的环境中，成本也较上述两种驱动系统高。但其优点比较突出，因此在工业机器人中被广泛选用。

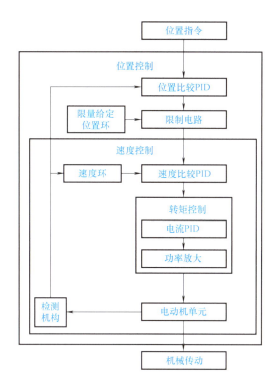

图 1-2 电动驱动系统框图

2. 机械结构系统

工业机器人的机械结构系统是工业机器人完成各种运动的机械部件。系统由骨骼（杆件）和连接它们的关节（运动副）构成，具有多个自由度，主要包括机身、手臂、末端执行器等部件，如图 1-3 所示。

（1）机身

机身是工业机器人的支撑部分，有固定式和移动式两种。

（2）手臂

手臂用以连接机身和腕部，是支撑腕部和末端执行器的部件，由动力关节和连杆组成。用以承受工件或工具的负荷，改变工件或工具的空间位置，并将它们送至预定位置。

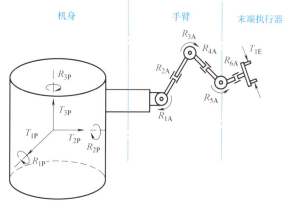

图 1-3 机械结构系统图

（3）末端执行器

末端执行器是工业机器人对目标直接进行操作的部分，在手部可安装专用的工具，如焊枪、喷枪、电钻、电动螺钉（母）拧紧器等。

3. 感受系统

感受系统由内部传感器和外部传感器构成。传感器是机器人获取信息的窗口。

（1）传感器的分类

根据传感器在机器人上应用目的与使用范围的不同，将其分成两类：内部传感器和外部传感器。

内部传感器：用于检测机器人自身的状态，如测量回转关节位置的轴角编码器、测量速度以控制其运动的测速计。

外部传感器：用于检测机器人所处的环境和对象状况，如视觉传感器，可提高更高层次机器人的适应能力，同时给工业机器人增加了自动检测能力。外部传感器可进一步分为末端执行器传感器和环境传感器。

（2）机器人对传感器的要求

1）精度高、重复性好。

2）稳定性和可靠性好。

3）抗干扰能力强。

4）质量轻、体积小、安装方便。

4. 机器人-环境交互系统

机器人-环境交互系统实现机器人与外部设备的联系和协调功能。根据企业现场的需求，工业机器人与外部其他设备组成如加工制造、焊接、装配、搬运、码垛等功能单元，并可以把多个单元集成在一起，形成一个复合型功能单元，如机械加工流水线通常需要将机械加工制造、装配、搬运、码垛等功能集成起来完成工作。

5. 人机交互系统

人机交互系统是使操作人员参与机器人控制并与机器人进行联系的装置，该系统归纳起来可以分为两大类：指令给定装置和信息显示装置。例如，计算机的标准终端、指令控制台、信息显示板、危险信号报警器等。

6. 控制系统

控制系统一种是集中式控制，即机器人的全部控制由一台微型计算机完成。另一种是分散（级）式控制，即采用多台微型计算机来分担机器人的控制，如采用上、下两级微型计算机共同控制机器人，主机用于负责系统的管理、通信、运动学和动力学计算，并向下级微型计算机发送指令信息；从机作为下级，各关节分别对应一个CPU，进行插补运算和伺服控制处理，实现给定的运动，并向主机反馈信息。

二、工业机器人的控制方式

工业机器人的控制方式主要有四种：点位控制方式（PTP）、连续轨迹控制方式（CP）、力（力矩）控制方式及智能控制方式。

工业机器人控制方式

1. 点位控制方式（PTP）

这种控制方式的特点是只控制工业机器人末端执行器在作业空间中某些规定的离散点上的位姿。控制时只要求工业机器人快速、准确地实现相邻各点之间的运动。由于其具有控制方式易于实现、定位精度要求不高的特点，因而常被应用在上下料、搬运、点焊和在电路板上安插元器件等只要求目标点处保持末端执行器位姿准确的作业中。一般来说，这种方式比较简单，但是要达到 $2\sim3\mu m$ 的定位精度是相当困难的。

2. 连续轨迹控制方式（CP）

这种控制方式的特点是连续地控制工业机器人末端执行器在作业空间中的位姿，要求其严格按照预定的轨迹和速度在一定的精度范围内运动，而且速度可控、轨迹光滑、运动平稳，以完成作业任务。工业机器人各关节连续、同步地进行相应的运动，其末端执行器即可形成连续的轨迹。这种控制方式的主要技术指标是工业机器人末端执行器位姿的轨迹跟踪精度及平稳性。通常弧焊、喷漆、去毛边和检测作业机器人都采用这种控制方式。

3. 力（力矩）控制方式

在完成装配、抓放物体等工作时，除要准确定位之外，还要求使用适度的力或力矩进行工作，这时就要利用力（力矩）控制方式。力（力矩）控制方式中，输入量和反馈量是力（力矩）信号，因此系统中必须有力（力矩）传感器。有时也利用接近、滑动等功能进行自适应式控制。

4. 智能控制方式

机器人的智能控制是通过传感器获得周围环境相关信息，并根据自身内部的知识库做出相应的决策。采用智能控制技术，使机器人具有较强的环境适应性及自学习能力。智能控制技术的发展有赖于近年来人工智能的迅速发展。

三、工业机器人的性能指标

工业机器人性能指标

1. 自由度

自由度是指机器人操作机在空间运动所需的变量数，用以表示机器人动作灵活程度的参数，一般是以沿轴线移动和绕轴线转动的独立运动的数目来表示。工业机器人常采用开链式连杆机构，每个关节运动副只有一个自由度，因此通常工业机器人的自由度数目就等于其关节数。机器人的自由度数目越多，功能就越强。目前工业机器人通常具有4~6个自由度。当机器人的关节数（自由度）增加到对末端执行器的定向和定位不再起作用时，便出现了冗余自由度。冗余自由度的出现增加了机器人工作的灵活性，但也使控制变得更加复杂。

工业机器人在运动方式上，可以分为直线运动（简记为P）和旋转运动（简记为R）两种，应用简记符号（P和R）可以表示操作机运动自由度的特点，如RPRR表示机器人操作机具有四个自由度，从基座开始到臂端，关节运动的方式依次为旋转-直线-旋转-旋转。此外，工业机器人的运动自由度还受运动范围的限制。

2. 精度

工业机器人的精度是指定位精度和重复定位精度。定位精度是指机器人手部实际到达位置与目标位置之间的差异，可用反复多次测试的定位结果的代表点与指定位置之间的距离来表示。重复定位精度是指机器人重复定位手部于同一目标位置的能力，以实际位置值的分散程度来表示。实际应用中常以重复测试结果的标准偏差值的3倍来表示，它用于衡量误差值的密集度。

3. 运动范围

选择工业机器人时，需要了解工业机器人要到达的最大距离。选择工业机器人不单要关注负载，还要关注其最大运动范围。每一个公司都会给出机器人的运动范围，可以从中看出是否符合应用的需要。最大垂直运动范围是指机器人腕部能够到达的最低点（通常低于机器人的基座）与最高点之间的范围。最大水平运动范围是指机器人腕部水平运动能到达的最远点与机器人基座中心线的距离。此外，还有最大动作范围（用度表示）。规格不同的机器人，其运动范围区别很大，对于某些特定的应用也存在限制。

4. 工作速度

不同用户对于工作速度的要求不同，它取决于完成工作需要的时间。规格表上通常只给出最大工作速度，机器人能提供的工作速度介于0和最大工作速度之间。其单位通常为°/s。一些机器人制造商还给出了最大加速度。

5. 负载

负载是指机器人在工作时能够承受的最大载重。如果将零件从机器的一处搬至另一处，就需要将零件的重量和机器人抓手的重量计算在负载内。

四、工业机器人坐标形式

工业机器人主体结构中各关节运动副和连杆构件组成了不同的坐标形式。常见的坐标形式有：直角坐标系、圆柱坐标系、球面坐标系、关节坐标系。下面结合具体的机器人来介绍常见坐标形式。

1. 直角坐标机器人

直角坐标机器人如图1-4所示，这类机器人手部的位置变化是通过沿着三个相互垂直的轴线移动来实现的，这类机器人常用于生产设备的上下料和高精度的装配。

直角坐标机器人选用XYZ直角坐标系为基本数学模型，其工作的行为方式主要是完成X、Y、Z轴上的线性运动。直角坐标机器人是以伺服电动机、步进电动机驱动的单轴机械臂为基本工作单元，以滚珠丝杆、同步带、齿轮齿条为常用的传动方式所架构起来的机器人系统，可以到达XYZ三维坐标系中任意一点和完成可控的运动轨迹。

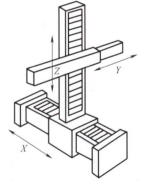

图1-4 直角坐标机器人示意图

直角坐标机器人采用运动控制系统实现对其的驱动及编程控制，直线、曲线等运动轨迹的生成为多点插补方式，操作及编程方式为引导示教编程方式或坐标定位方式。

2. 圆柱坐标机器人

圆柱坐标机器人如图1-5所示，其由上下圆盘的旋转台和框架组成，框架包括上下固定板，上下圆盘的旋转台可以相对于框架旋转。丝杠和导杆安装在上下圆盘上。轴结构包括具有纵向空腔的内轴、外轴和中间轴，外轴和中间轴与内轴同心并可分开旋转。臂支撑框架内部安装有驱动轴。圆柱坐标机器人的结构如图1-5所示，R、θ和X为坐标系的三个坐标，其中R是手臂的径向长度，θ是手臂的角位置，X是垂直方向上手臂的位置。如果R保持不变，机器人手臂的运动将形成一个圆柱表面。

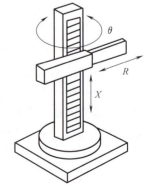

图1-5 圆柱坐标机器人示意图

3. 极坐标机器人

极坐标机器人如图 1-6 所示，这种机器人的手臂能上下俯仰、前后伸缩，并能绕立柱回转，在空间构成部分球面。这类机器人占地面积较小、结构紧凑，比圆柱坐标机器人更为灵活，操作范围更大，能与其他机器人协调工作，重量较轻；但避障性差，平衡性差，位置误差与臂长成正比。极坐标机器人又称为球坐标机器人，其结构如图 1-6 所示，R、θ 和 β 为坐标系的坐标。其中 θ 是绕手臂支撑底座垂直轴旋转的转动角，β 是手臂在铅垂面内的摆动角。

4. 多关节机器人

多关节机器人如图 1-7 所示，它是以其各相邻运动部件之间的相对角位移作为坐标系的。θ、α 和 ϕ 为坐标系的坐标，其中 θ 是绕底座铅垂轴的转角，ϕ 是过底座的水平线与第一臂之间的夹角，α 是第二臂相对于第一臂的转角。这种机器人手臂可以达到球形体积内绝大部分位置，所能达到区域的形状取决于两个臂的长度比例。

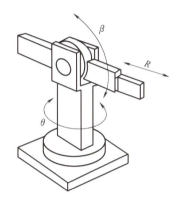

图 1-6 极坐标机器人示意图

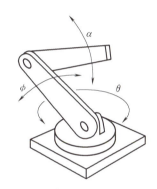

图 1-7 多关节机器人示意图

五、工业机器人常用坐标系

坐标系是为确定机器人的位置和姿态而在机器人或其他空间上设定的位姿指标系统。工业机器人常用坐标系有五种：大地坐标系（World Coordinate System）、基坐标系（Base Coordinate System）、工具坐标系（Tool Coordinate System）、工件坐标系（Work Object Coordinate System）和用户坐标系（User Coordinate System）。

工业机器人常用坐标系

1. 大地坐标系

大地（世界）坐标系以大地为参考，所有其他的坐标系均与大地坐标系直接或间接相关。工业机器人的大地坐标系是被固定在空间上的标准直角坐标系，也称为工业机器人机座坐标系，是由机器人开发人员事先确定的标准参考位置。其原点定义在机器人的安装面与第一转动轴的交点处，X 轴向前，Z 轴向上，Y 轴按右手规则确定，如图 1-8 所示。

2. 基坐标系

基坐标系由机器人底座基点与坐标方位组成，在机器人基座中有相应的零点，如图 1-9 所示，这使固定安装的机器人的移动具有可预测性，对于将机器人从一个位置移动到另一个位置很有帮助。但对机器人编程来说，其他坐标系如工件坐标系等通常是最佳选择。

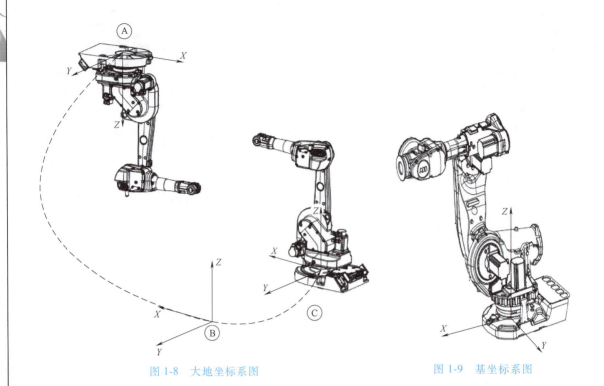

图 1-8　大地坐标系图　　　　　　　　　图 1-9　基坐标系图

3. 工具坐标系

工具坐标系用来确定工具的位姿，它由工具中心点（TCP 点）与坐标方位组成，如图 1-10 所示，运动时 TCP 点会严格按程序指定路径和速度运动，所有机器人在手腕处都有一个预定义工具坐标系，如果工业机器人为智能制造企业应用最多的 6 轴机器人，则默认工具 tool0 中心点位于 6 轴中心，这样就能将一个或多个新工具坐标系定义为 tool0 的偏移值。工具坐标系必须事先进行设定，在没有定义的时候，将由默认工具坐标系来替代该坐标系。

4. 工件坐标系

工件坐标系用来确定工件的位姿，它由工件原点与坐标方位组成，如图 1-11 所示。坐标数据是相对工件坐标系的位置，一旦工件坐标系移动，相关轨迹点相对大地同步移动，默认工件坐标系与机器人基坐标系重合。程序中支持多个工件，通过重新定义工件，可使一个程序适合多台机器人。如果系统中含有外部轴或多台机器人，则必须定义工件坐标系。

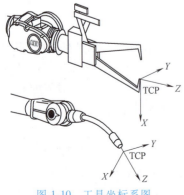　　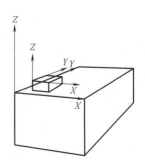

图 1-10　工具坐标系图　　　　　　　　　图 1-11　工件坐标系图

5. 用户坐标系

用户坐标系是用户对每个作业空间进行自定义的直角坐标系，如图 1-12 所示，用于位置寄存器的示教和执行、位置补偿指令的执行等，在没有定义的时候，将由大地坐标系替代该坐标系。

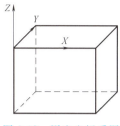

图 1-12　用户坐标系图

六、工业机器人的选型

工业机器人选型

1. 本体选型的原则

（1）最小转动惯量原则

由于机器人本体运动部件较多，运动状态经常改变，因此必然产生冲击和振动。采用最小转动惯量原则，尽量减小运动部件的质量，可增加本体运动平稳性，提高本体动力学特性。

（2）尺寸优化原则

当设计要求满足一定工作空间要求时，通过尺寸优化以选定最小的臂杆尺寸，这将有利于本体刚度的提高，使转动惯量进一步降低。

（3）高强度材料选用原则

由于机器人本体从手腕、小臂、大臂到机座是依次作为负载起作用的，选用高强度材料，以减轻零部件的质量，减少运转的动载荷与冲击，减小驱动装置的负载，提高运动部件的响应速度。

（4）刚度设计的原则

要使刚度最大，必须恰当地选择杆件截面形状和尺寸，提高支承刚度和接触刚度，合理地安排作用在臂杆上的力和力矩，尽量减少杆件的弯曲变形。

（5）可靠性原则

机器人本体因结构复杂、环节较多，可靠性问题显得尤为重要。一般来说，元器件的可靠性应高于部件的可靠性，而部件的可靠性应高于整机的可靠性。

（6）工艺性原则

机器人本体是一种高精度、高集成度的自动机械系统，良好的加工和装配工艺性是设计时要体现的重要原则之一。

2. ABB 机器人的应用选型

ABB 工业机器人极具代表性，ABB IRB 系列在工业领域应用广泛，其显著特点是加速快、工作空间大和承载能力强。自 1999 年 1400 系列成功投入市场以来，ABB 集团陆续推出适合各应用领域的工业机器人，其在国内工业机器人市场占有率达 1/3。工业应用领域应用广泛的 ABB 工业机器人举例分析如表 1-1 所示。

表 1-1　ABB 工业机器人举例分析表

型号及实物图	特　　点	应用
ABB IRB 1410	ABB IRB 1410 是一种动力强劲的紧凑型 6 轴机器人。特点如下： 可靠性高——以其坚固可靠的结构而著称，由此带来的其他优势是噪声水平低、例行维护间隔时间长、使用寿命长 准确性高——卓越的控制水平和循径精度（±0.05mm）确保了出色的工作质量 强硬度高——该机器人工作范围大、到达距离长（最长 1.44m）。承重能力为 5kg，上臂可承受 18kg 的附加载荷 快速——配备快速精确的 IRC5 控制器，有效缩短了工作周期	主要应用于弧焊、物料搬运和过程应用领域
ABB IRB 1600	ABB IRB 1600 是一种通用的高性能机器人。特点如下： 速度快——工作循环时间短，在同类机器人中操作速度最快 精度高——零件生产质量稳定，具有极高的重复定位精度（±0.05mm）和轨迹精度 功率大——适用范围广，有效载荷选项为 5kg 或 7kg（"无手腕"时可达 10kg） 坚固耐用——适合恶劣生产环境（防护等级为 IP 67），可蒸汽清洗，备有铸造专家型 通用性佳——柔性化集成和生产采用后弯式设计，提供多种安装选项（墙面安装、地面安装、倒置安装或倾斜安装）	弧焊、装配、模铸、注塑、包装、机械管理、物料搬运
ABB IRB 2400	ABB IRB 2400 机器人有多种不同版本备选，拥有极高的作业精度，在物料搬运、机械管理和过程应用等方面均有出色表现，特点如下： 可靠性强——正常运行时间长，ABB IRB 2400 是目前全球应用最广的工业机器人 速度快——操作周期时间短，采用 ABB 独有的运动控制技术，优化了机器人的加减速性能，使机器人工作循环时间降至最短 精度高——零件生产质量稳定，具有最佳的轨迹精度和重复定位精度（RP＝0.06mm） 功率大——适用范围广，有效载荷选项为 7～20kg，最大到达距离达 1.810m 坚固耐用——适合恶劣生产环境（防护等级为 IP 67），可蒸汽清洗，备有洁净室型（100 级）和铸造专家型 通用性——柔性化集成和生产所有型号均可倒置安装	弧焊、装配、铸件清洗、切割/去毛刺、模铸、上胶/密封、研磨/抛光、注塑、机械管理、物料搬运、包装
ABB IRB 4600	ABB IRB 4600 目前是市场上速度最快、可到达距离最长、最精确、精简度高、防护等级高的机器，归功于其精密设计、高度灵活的活动架及突出的可到达性	机加工、物料搬运、弧焊（长臂）、水喷射、激光和超声波切割、分配（密封、涂胶）、加工应用（抛光，去毛刺）

【任务实施】

1. 明确任务要求，并分配任务，查找"知识准备"中的材料。
2. 根据实训区现有设备，列出工业机器人工作站（或其他工作站）的组成部分，按特定行业需要对工作站的工业机器人重新选型。
3. 建立工具坐标系，在工具坐标系建立的工作站如图 1-13 所示。

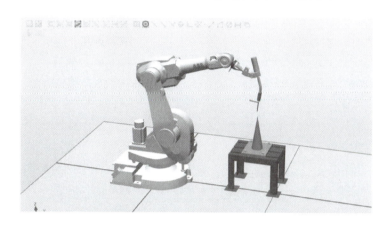

图 1-13　工具坐标系建立的工作站图

1）在 ABB 菜单中选择手动操纵，如图 1-14 所示。
2）建立工具坐标，如图 1-15 所示。

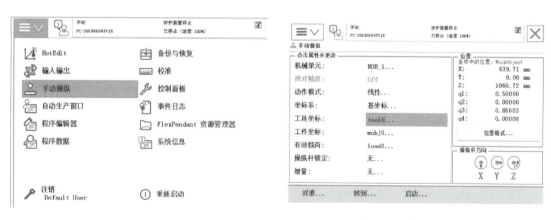

图 1-14　选择"手动操纵"　　　　　图 1-15　建立工具坐标

3）进入工具坐标系并新建工具，将其命名为 tool1，如图 1-16 所示。
4）选择 tool1 进行定义，如图 1-17 所示。
5）选择定义工具 tool1 的方法和点数，如图 1-18 所示。
6）机器人分别以 4 种不同位姿到达工具要定义的 TCP 点，并和外部尖点重合，如图 1-19 所示。

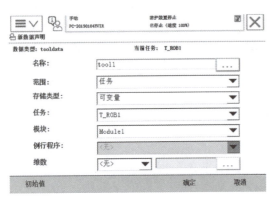

图 1-16　工具命名

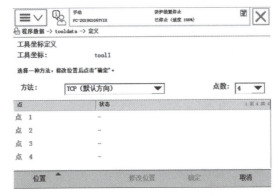

图 1-17　工具定义

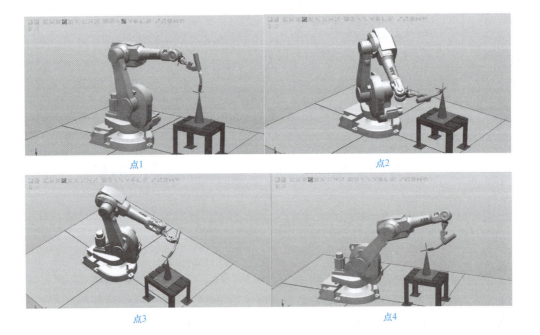

图 1-18　选择定义工具的方法和点数

点1　　　　　　　　　　　点2

点3　　　　　　　　　　　点4

图 1-19　4 种姿态

7）修改并记录 4 种不同姿态的位置，如图 1-20 所示。

8）计算工具坐标，如图 1-21 所示。

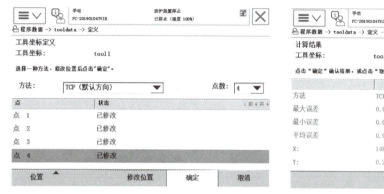

图 1-20　4 点位置修改

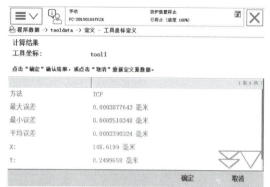

图 1-21　计算工具坐标

9）对新建完成的工具 tool1 进行重量定义、重心编辑及更改值，如图 1-22 所示。

10）根据实际尺寸或者给定的数据给 tool1 输入重量、重心数据（重心的 X、Y、Z 数据是相对于默认 tool0 的偏移量数据），如图 1-23 所示。

图 1-22　重量定义、重心编辑及更改值

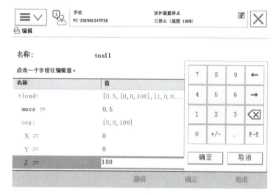

图 1-23　输入重量、重心数据

【知识拓展】

工业机器人四大家族

工业机器人四大家族分别是 ABB、KUKA（库卡）、FANUC（发那科）和 YASKAWA（安川）。

一、ABB 工业机器人

世界上第一台工业机器人诞生于 ABB，机器人销量最大，是世界上最大的机器人制造公司，2002 年产量就突破 10 万台。其产品系列最完备，广泛应用在焊接、装配、铸造、密封涂胶、材料处理、包装、喷漆、水切割、搬运等领域，BMW、标志等世界著名汽车厂家广为使用。ABB 工业机器人如图 1-24 所示。

图1-24　ABB工业机器人

其核心技术是运动控制系统。对于机器人来说,最大的难点在于运动控制系统,而ABB的核心优势就是运动控制。可以说,ABB的机器人算法是四大主力品牌中最好的,不仅仅有全面的运动控制解决方案,产品使用技术文档也相当专业和具体。产品重复定位精度最高,从0.01~0.07mm各型号不等。ABB还讲究机器人的整体特性,其运行速度和加速度最快,在重视品质的同时也讲究机器人的设计,但配备高标准控制系统的ABB机器人价格昂贵。

二、KUKA（库卡）工业机器人

KUKA产品给人的感觉远比ABB要现代、活泼很多。库卡公司主要客户来自汽车制造领域,同时也专注于向工业生产过程提供先进的自动化解决方案,更涉足于医院的脑外科及放射造影。其橙黄色的机器人鲜明地代表了公司主色调。虽然技术水平相对ABB较弱,但仍然代表了业内一流水平。KUKA工业机器人如图1-25所示。

其核心技术在软件方面。KUKA工业机器人的二次开发做得好,就是一个完全没有技术基础的人,甚至是中学生用库卡的软件,一天之内就可以上手操作;在人机界面方面,

图1-25　KUKA工业机器人

为了符合中国人的习惯,库卡做得很简单,就像玩游戏机一样好用,但相比较之下,日系品牌的机器人的控制系统键盘很多,操作略显复杂。

值得一提的是,库卡在重负载机器人领域做得比较好,在120kG以上的机器人中,库卡和ABB的市场占有量居多,而在重载400kG和600kG的机器人中,库卡的销量是最多的。

三、FANUC（发那科）工业机器人

FANUC的总部坐落在富士山下,得益于其在工业自动化领域的巨大成就,被人们称为"富士山下的黄色巨人",同时FANUC也是最早为人所熟知的真正使用机器人制造机器人的企业。在四大家族中,把工业感和设计感结合最好的是FANUC的产品,让人一眼看上去就

知道是工业领域的产品,但又有一种说不出的精致感。这种精致感并不仅仅是工业设计的功劳,而更多来自于设计、制造、调试的良好平衡。FANUC 工业机器人如图 1-26 所示。

其核心技术在于精度高,专注于上下游产业链整合。FANUC 有三个紧密结合的业务板块,分别是数控系统、伺服系统、机器人和机床。这三大板块的控制部分采用了统一的平台(Common Control Platform),提高集成度,降低成本和集成难度。因此

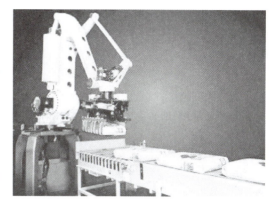

图 1-26 FANUC 工业机器人

FANUC 的机器人在上游有伺服系统和运动控制系统构成机器人控制器,还有机床和机器人负责机械的加工及生产;下游有巨量的 CNC 集成应用支持(FANUC 机床全球出货量已经达到 200 万台)。这种成本和技术上的优势,对于其他家机器人厂商来讲很难模仿和超越。

在数控机床的加工过程中,其所加工的零部件的精度直接影响产品的质量,部分机械零部件和精密设备的零部件对加工精度的要求非常高。发那科工业机器人将数控系统的优势用于机器人身上,提高其精度。据悉,发那科的多功能 6 轴小型机器人的重复定位精度可以达到 ±0.02mm。此外,发那科工业机器人与其他企业相比独特之处在于:工艺控制更加便捷,同类型机器人底座尺寸更小,拥有独有的手臂设计。

四、YASKAWA(安川)工业机器人

安川有自己的伺服系统和运动控制器产品,并且其技术水平在日系品牌中处于第一梯队,因此安川机器人的总体技术方案与 FANUC 非常相似,除去减速器外,其他诸如控制器、伺服系统和机械设计都由自己完成。安川工业机器人如图 1-27 所示。

安川工业机器人的设计思路是简单够用。在工业机器人四大家族中,安川机器人的综合售价最低。安川电动机相继开发了焊接、装配、喷涂、搬运等各种各样的自动化作业机器人,其核心的工业机器人产品包括:点焊

图 1-27 安川工业机器人

和弧焊机器人、油漆和处理机器人、LCD 玻璃板传输机器人和半导体芯片传输机器人等,是将工业机器人应用到半导体生产领域最早的厂商之一。

其核心技术特点在于稳定性好,但精度略差。安川是从电动机开始做起的,因此它可以把电动机的转动惯量做到最大化,所以安川工业机器人最大的特点就是负载大、稳定性高、

在满负载、满速度运行的过程中不会报警,甚至能够过载运行。但相比较发那科工业机器人来说,安川工业机器人的精度没有那么高,在同等价格的基础上,如果客户要求精度高的话,往往会选择发那科工业机器人。

工业机器人四大家族都有着深厚的技术积累,在国内机器人市场都占有很大的市场份额。目前国内机器人行业具有代表性的企业有新松、埃斯顿、埃夫特等。这些公司已在机器人产业链中游和上游进行拓展,通过自主研发或收购等方式掌握零部件和本体的研制技术,结合本土系统集成的服务优势,已经具备一定的竞争力。

【任务小结】

本任务详细阐述了完成特定行业工业机器人选型、建立工具坐标这个工作任务所需要的知识,内容包括工业机器人系统组成、控制方式、性能指标、坐标形式、常用坐标系、选型等知识,任务实施用图片加以展示,知识拓展简单介绍了工业机器人四大家族,有助于拓宽学生的知识视野。

任务二 ABB 工业机器人手动操作

【任务目标】

一、知识目标
(1) 学会设置示教器参数。
(2) 了解工业机器人控制柜的相关知识。
(3) 学会手动操作相关知识。

二、能力目标
(1) 能够根据任务设置 TCP 工具坐标。
(2) 能够手动操作机器人运行各种轨迹。

三、素质目标
(1) 具备解决问题的逆向思维能力。
(2) 培养敬业精神和职业道德。
(3) 培养较强的集体意识和团队合作精神。

【知识准备】

机器人一般由三个部分构成,机器人本体、控制器(Controller)、示教器,下面以 6 轴 ABB 工业机器人为例进行进一步说明。

一、6 轴 ABB 工业机器人本体

6 轴 ABB 工业机器人本体结构图如图 1-28 所示,其本体为由六个转轴组成的空间六杆开链机构,理论上可以达到运动范围内的任意一点,每个转轴均可带有一个齿轮箱,机械手运动精度达 0.05mm 与 0.2mm。

二、控制器（Controller）

1. 外观

机器人控制器外观由主电源开关（Mains Switch）、示教器（Teach Pendant）、操作盘（Operator's Panel）组成，其外观如图1-29所示。

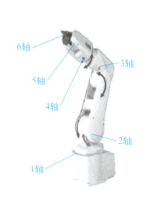

图1-28　ABB工业机器人本体结构图

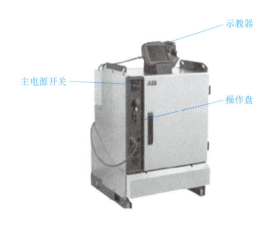

图1-29　控制器外观图

2. 内部结构

控制器内部主要由主计算机板、轴计算机、机器人6轴的驱动器、串口测量板、I/O电源板、电源分配板、安全面板、电容、辅助部件、各种连接线等组成。

主计算机板含内存，控制整个系统，相当于电脑的主机，用于存放系统文件和数据文件，如图1-30所示。

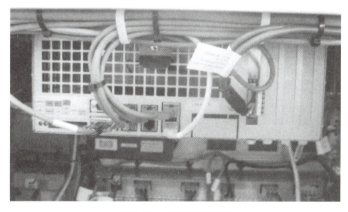

图1-30　主计算机板图

轴计算机的作用是进行每个机器人轴的转数计算，如图1-31所示。

6轴机器人的驱动器主要作用是用于驱动机器人各个轴的电动机，如图1-32所示。

串口测量板的主要作用是控制单元主板与I/O LINK设备的连接、控制单元主板与串行主轴及伺服轴的连接、控制单元I/O板与显示单元的连接，如图1-33所示。

I/O电源板的作用是给I/O板提供电源，如图1-34所示。

图 1-31 轴计算机图

图 1-32 驱动器图

图 1-33 串口测量板图

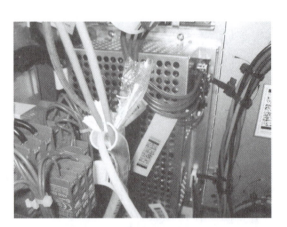

图 1-34 I/O 电源板图

电源分配板的作用是给机器人各轴运动提供电源,如图 1-35 所示。

安全面板的主要作用是在控制柜正常工作时,安全面板上所有指示灯点亮,同时为了防止意外情况发生,将急停按钮接入安全面板,如图 1-36 所示。

图 1-35 电源分配板图

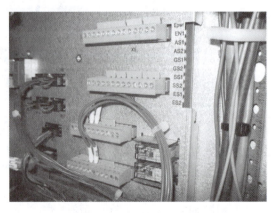

图 1-36 安全面板图

充电和放电是电容的基本功能。电容用于机器人关闭电源后，先保存数据再断电，相当于延时断电功能，如图 1-37 所示。

辅助部件包括跟踪板，外部轴上的电池等。跟踪板用于采集工件的高度、变化信号等，如图 1-38 所示，外部轴上的电池的主要作用是在控制柜断电时可以保存相关的数据，如图 1-39 所示。

各种连接线包括通往外部轴的 SMB 线、动力线、地线，机器人上的动力线和 SMB 线。服务器信息块（SMB）协议是一种 IBM 协议，用于在计算机间共享文件、打印机、串口等。一旦连接成功，客户机可发送 SMB 命令到服务器上，从而客户机能够访问共享目录、打开文件、读写文件，以及一切在文件系统上做能做的所有事情。通往外部轴的 SMB 线（细线）、动力线（粗白线）和地线（粗黑线），如图 1-40 所示，机器人上的动力线（粗白线）和 SMB 线（细线）如图 1-41 所示。

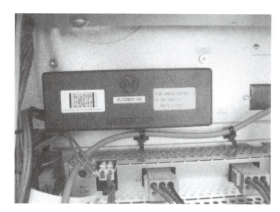

图 1-37　充、放电电容图

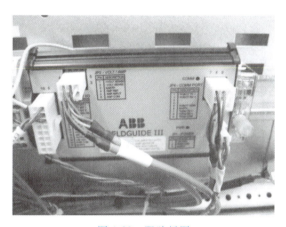

图 1-38　跟踪板图

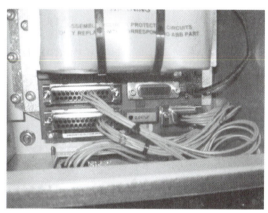

图 1-39　外部轴上的电池图

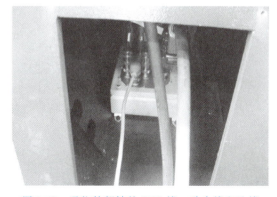

图 1-40　通往外部轴的 SMB 线、动力线和地线

图 1-41　机器人上的动力线和 SMB 线图

三、示教器

1. 示教器简介

示教器又叫示教编程器（以下简称示教器），是机器人控制系统的核心部件，是一个用来注册和存储机械运动或处理记忆的设备，该设备是由电子系统或计算机系统控制执行的。示教器如图1-42所示，反面由连接电缆、触摸屏用笔、示教器复位按钮、急停开关、使能按钮组成，正面由触摸屏、硬件按钮单元、手动操作摇杆、备份数据用USB接口构成。

示教器

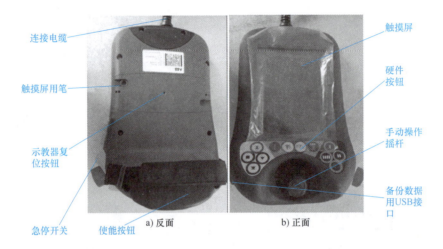

图1-42 示教器图

2. 使能按钮

使能按钮是为保证操作人员人身安全而设计的。自动模式下，使能按钮无效。手动模式下，使能按钮有三个位置。起始（不按）为"0"，机器人电机不上电；中间（按下按钮）为"1"，机器人电机能上电；最终（再次按下按钮）为"0"，机器人电机不上电，必须回到起始状态才能再次使电机上电。使能按钮如图1-43所示。

在手动状态下，使能按钮第一档按下去，机器人将处于电机开启状态，如图1-44所示。只有在按下使能按钮并保持在"电机开启"的状态才可以对机器人进行手动的操作和程序的调试。

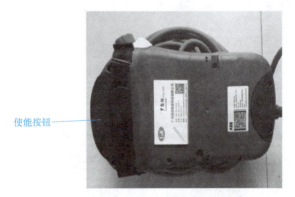

图1-43 使能按钮图

第二档按下时机器人会处于防护装置停止状态，如图1-45所示。当发生危险时（出于惊吓）人会本能地将使能按钮松开或按紧，这两种情况下机器人都会马上停下来，保证了人身与设备的安全。

图 1-44　电机开启状态显示图　　　　　图 1-45　防护装置停止状态显示图

3. 示教器硬件按钮

示教器上有专用硬件按钮。其中 A～D 是预设按钮，E～H 是快捷菜单按钮，J～M 是运行按钮，如图 1-46 所示。

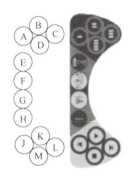

A～D：预设按键
E：选择机械单元
F：切换运动模式，重定向或线性
G：切换运动模式，轴1～3或轴4～6
H：切换增量
J：Step BACKWARD(步退)按钮。按下此按钮，可使程序后退至上一条指令
K：START(启动)按钮，开始执行程序
L：StepFORWARD(步进)按钮。按下此按钮，可使程序前进至下一条指令
M：STOP(停止)按钮。停止程序执行

图 1-46　硬件按钮图

4. 示教器菜单操作

示教器菜单如图 1-47 所示。

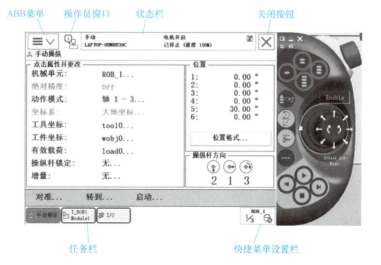

图 1-47　示教器菜单图

单击图 1-47 左上角的 ABB 菜单，出现如图 1-48 所示的菜单项。

（1）HotEdit 菜单

HotEdit 菜单如图 1-49 所示，HotEdit 是对编程位置进行调节的一项功能。该功能可在所有操作模式下运行，即使是在程序运行情况下，坐标和方向也可调节。

图 1-48　菜单项图

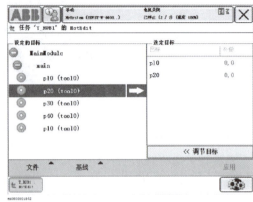

图 1-49　HotEdit 菜单图

HotEdit 菜单选项功能如表 1-2 所示。

表 1-2　HotEdit 菜单选项功能表

选项	功　　能
设定的目标	在树形视图中列出所有已命名的位置。单击箭头，选择一个或多个要调节的位置。注意，如果某一位置在程序中有多处运用，那么对于偏移值所做的任何更改在其应用的每个位置均同等有效
选定目标	列出所有选定的位置及其当前偏移值。单击位置，然后单击回收站，即可将选定目标从选定项目中删除
文件	保存和加载要调节的位置选择
基线	用于应用或拒绝基准的新偏移值，基线通常被视为位置的原始值。如果对 HotEdit 会话感到满意，并想将新的偏移值另存为原始位置时，可将其应用于基线。这些位置的旧基准值将随之删除，无法恢复
调节目标	显示调节设置，包括坐标系、调节模式和调节增量。选择目标，然后使用加减图标指定对所选目标的调节
应用	单击"应用"以应用"调节目标"视图中所做的设置。注意，这不会更改位置的基准值

（2）FlexPendant 资源管理器

FlexPendant 资源管理器如图 1-50 所示，类似 Windows 的资源管理器，其也是一个文件管理器，通过它可查看控制器上的文件系统，也可以重新命名、删除或移动文件和文件夹。

图 1-50　FlexPendant 资源管理器图

图 1-50 中字母对应的 FlexPendant 资源管理器选项功能如表 1-3 所示。

表 1-3　FlexPendant 资源管理器选项功能表

选项	功　　能
A	简单视图,单击后可在文件窗口中隐藏文件类型
B	详细视图,单击后可在文件窗口中显示文件类型
C	路径,显示文件夹路径
D	菜单,单击显示文件处理功能
E	新建文件夹,单击可在当前文件夹中创建新文件夹
F	向上一级,单击可以进入上一级文件夹
G	刷新,单击可以刷新文件和文件夹

（3）输入输出

输入输出（I/O）是用于机器人系统的信号,这些信号可以用系统参数配置,如图 1-51 所示。

图 1-51　输入输出图

（4）手动操纵

手动操纵可以选择机械单元，并对动作模式、坐标系、工具坐标、工件坐标等属性进行修改，如图 1-52 所示。

图 1-52　手动操纵图

手动操纵选项功能如表 1-4 所示。

表 1-4　手动操纵选项功能表

选项	功　能
机械单元	选择手动操纵的机械单元
绝对精度	设置绝对精度
动作模式	选择动作模式
坐标系	选择坐标系
工具坐标	选择工具坐标
工件坐标	选择工件坐标
有效载荷	选择有效载荷
操纵杆锁定	选择操纵杆方向锁定
增量	选择运动增量
位置	参照选定的坐标系显示每个轴的位置
位置格式	选择位置格式
操纵杆方向	显示当前操纵杆方向，取决于动作模式的设置
手动操纵	实现手动操纵功能
对准	将当前工具对准坐标系
转到	将机器人移至选定位置/目标
启动	启动机械单元

（5）自动生产窗口

自动生产窗口用于在运行时，查看程序代码，如图 1-53 所示。

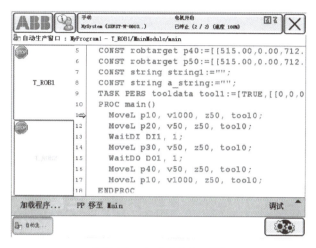

图 1-53　自动生产窗口图

（6）程序数据

程序数据窗口如图 1-54 所示，包含用于查看和使用数据类型和实例的功能。可以同时打开一个以上的程序数据窗口，这在查看多个实例或数据类型时显得非常有用。

图 1-54　程序数据图

程序数据选项功能如表 1-5 所示。

表 1-5　程序数据选项功能表

选项	功　　能
更改范围	在该列表中可以更改数据类型的范围
显示数据	显示所选数据类型的实例
视图	可以选择显示已用数据类型和全部数据类型

数据类型实例列表如图 1-55 所示。

图 1-55　数据类型实例列表图

数据类型实例功能如表 1-6 所示。

表 1-6　数据类型实例功能表

选项	功　　能
过滤器	过滤实例
新建	新建所选数据类型实例
刷新	刷新实例列表
查看数据类型	返回到"程序数据"菜单

（7）程序编辑器

程序编辑器位于创建或修改程序的位置，可以打开多个程序编辑器窗口，这在安装了 Multitasking 选项时很有用，如图 1-56 所示。

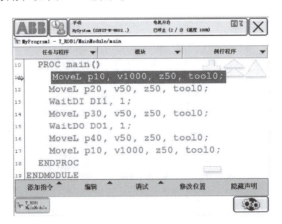

图 1-56　程序编辑器

程序编辑器选项功能如表 1-7 所示。

表 1-7 程序编辑器选项功能表

选项	功　　能
任务与程序	程序操作菜单
模块	列出所有模块
例行程序	列出所有例行程序
添加指令	打开指令菜单
编辑	打开编辑菜单
调试	可以进行移动程序指针、服务例行程序等的调试
修改位置	可以进行位置修改，将机器人步进或微调至新位置
隐藏声明	可以隐藏程序声明，以便读取程序代码

（8）备份与恢复

备份与恢复用于执行系统的备份与恢复，如图 1-57 所示。

（9）校准

用于校准机器人系统中的机械单元以及更新工业机器人转数计数器，如图 1-58、图 1-59 所示。

图 1-57　备份与恢复

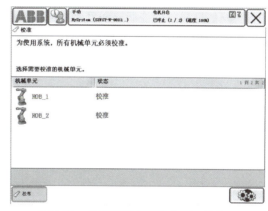

图 1-58　校准机器人系统中的机械单元

（10）控制面板

控制面板包含自定义机器人系统和示教器的功能，如图 1-60 所示。

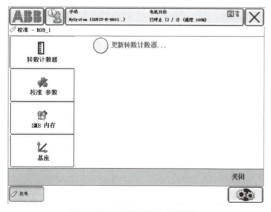

图 1-59　更新转数计数器

图 1-60　控制面板

控制面板选项功能如表 1-8 所示。

表 1-8　控制面板选项功能表

选项	功　　能
外观	自定义显示器的亮度和对比度
配置	配置系统参数
日期和时间	设置机器人控制器的日期和时间
诊断	创建诊断文件以利于故障排除
FlexPendant（示教器）	操作模式切换和 User Authorization System（UAS）视图配置
I/O	配置常用 I/O 信号
语言	选择机器人控制器当前的语言
监控	动作监控和执行设置
触摸屏	触摸屏重新校准设置

（11）事件日志

事件日志的作用是记录事件信息，方便故障排除，如图 1-61 所示。

（12）系统信息

系统信息显示了控制器和已经加载系统的信息，如图 1-62 所示。

图 1-61　事件日志

图 1-62　系统信息

系统信息选项功能如表 1-9 所示。

表 1-9　系统信息选项功能表

选项	功　　能
网络连接	服务端口和局域网属性
已安装系统	已安装系统的列表
系统属性	有关当前正在使用中的系统信息
控制模块	Control Module 的名称和密匙
选项	已安装 RobotWare 选项与语言
驱动模块	列出所有 Drive Modules
Drive Module x	Drive Module x 的名称和密匙
选项	Drive Module x 选项，含机器人类型等

（13）注销和重新启动

注销的主要作用是清除系统信息，切换用户重新登录，如图 1-63 所示。

重新启动如图 1-64 所示。通常不需要重新启动，但出现以下异常情况时需要重新启动机器人系统：

1）安装了新的硬件。

2）更改了机器人系统配置参数。

3）出现了系统异常或程序故障。

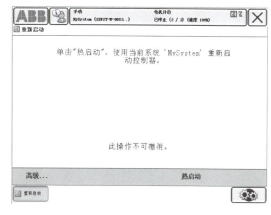

图 1-63　注销　　　　　　　　图 1-64　重新启动

【任务实施】

1. 工业机器人运行模式的选择

工业机器人的运行模式有自动模式、手动模式和全速模式三种，如图 1-65 所示。本任务需要将控制柜上机器人状态钥匙切换到中间的手动模式。

工业机器人
手动操作

图 1-65　控制柜的模式选择开关图

在状态栏中，确认机器人的状态已切换为"手动"，如图 1-66 所示。

图 1-66　状态栏显示图

ABB 菜单中选择"手动操纵",如图 1-67 所示。

2. 手动操纵轴运动

ABB 6 轴工业机器人是由六个伺服电动机分别驱动机器人的六个关节轴,每次手动操纵一个关节轴的运动,就称之为单轴运动。

单击"动作模式",显示属性菜单界面,如图 1-68 所示。

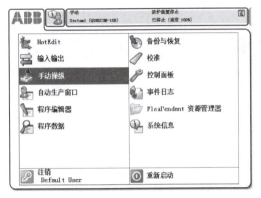

图 1-67　菜单选择手动操纵

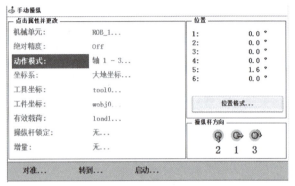

图 1-68　手动操作属性菜单图

在"手动操纵-动作模式"中选择"轴 1-3"(或"轴 4-6"),然后单击"确定",如图 1-69 所示。

用左手按下使能按钮,进入"电机开启"状态,在状态栏中确认"电机开启"状态,小幅度操纵手动操作摇杆,使机器人各轴进行运动。

3. 手动操纵线性运动

机器人的线性运动是指安装在机器人第 6 轴法兰盘上工具的 TCP 在空间中做线性运动。

在"手动操纵-动作模式"中选择"线性",然后单击"确定",如图 1-70 所示。

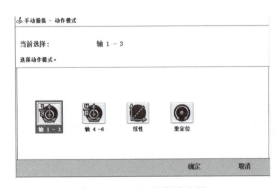

图 1-69　选择动作模式图

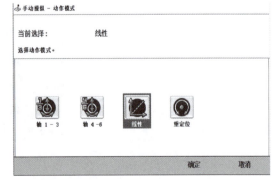

图 1-70　线性运动模式

机器人的线性运动要在"工具坐标"中指定对应的工具。单击"工具坐标",选中对应的工具,如图 1-71 所示。

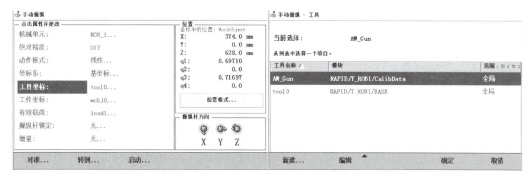

图 1-71　手动操作指定对应工具坐标

用左手按下使能按钮，进入"电机开启"状态，在状态栏中确认"电机开启"状态，小幅度操纵手动操作摇杆，使机器人慢慢进行线性运动。

4. 手动操纵重定位运动

机器人的重定位运动是指机器人第 6 轴法兰盘上的工具 TCP 点在空间中绕坐标轴旋转的运动，也可以理解为机器人绕工具 TCP 点做姿态调整运动。

在"手动操纵-动作模式"中选择"重定位"，然后单击"确定"，如图 1-72 所示。

单击"工具坐标"，选中对应的工具，用左手按下使能按钮，进入"电机开启"状态，在状态栏中确认"电机开启"状态，

图 1-72　重定位运动模式图

小幅度操纵手动操作摇杆，使机器人慢慢进行重定位运动。

5. 手动操纵速度设置

示教器的显示屏上显示机器人当前运行速率，如图 1-73 所示，以百分比表示。机器人运行速度为程序定义的速度乘以相应的运行速率。如果需要更改，利用导航键中的 List 键切换到窗口的上半部，再将光标移至运行速率，此时功能键上出现"-%""+%""25%"与"100%"四个选项，通过功能键即可更改机器人的运动速率，选择范围为 1%～100%。

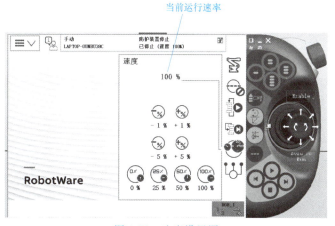

图 1-73　速度设置图

1) -%：降低机器人运行速率。5%以下，每次降低1%；5%以上，每次降低5%。
2) +%：增加机器人运行速率。5%以下，每次增加1%；5%以上，每次增加5%。
3) 25%：运行速率直接切换至25%。
4) 100%：运行速率直接切换至100%，此时，机器人处于全速运行。

【知识拓展】

我国工业机器人的发展现状与未来发展趋势

一、我国工业机器人的发展现状

从2013年以来，我国的工业机器人的技术发展得非常快，主要得益于国家政策保障、宏观经济促进、社会环境推动、技术发展支撑这四个方面。国际机器人联合会数据显示，我国工业机器人的销售量这几年逐年提升，2013年是3.7万台左右，到2019年接近12万台，年均增速约为25%。

从技术层次上来说，2015年已经开始进入了市场的启动期，我们现在正处在一个技术的快速发展期。大概在2025年左右，工业机器人技术将会在我们国内实现大发展。截至2019年全国已建和在建的工业机器人产业园区超过50家；有影响力的机器人公司预计有800多家；上市公司涉及机器人业务的超过50家；中国内地机器人企业2015年增长了30%。现在，大家都充分认识到了机器人的重要性，各地都在积极发展机器人。我国具有代表性的工业机器人企业有新松机器人自动化有限公司、哈尔滨博实自动化股份有限公司、南京埃斯顿自动化股份有限公司等。

我国非常重视减速器、伺服器、控制器这三种关键零部件的研发，这三大关键零部件占工业机器人成本比重超过70%。这些在过去基本依靠国外技术，我们现在也逐渐有了自己的产品。

二、我国工业机器人的发展瓶颈

1) 国际厂商先发优势，国产机器人市场份额低。要实现市场份额的突破，就得占领高端市场，我国现在基本上是走低端市场，要尽可能走高端市场。

2) 减速器、伺服机、控制器硬件，工业机器人系统等软、硬件性能有待提高。精密减速机的额定扭矩和传动效率等技术问题有待解决；伺服系统的电动机动态响应、过载能力、效率等方面与欧美、日本还存在差距；软件实现的构建、控制算法、二次开发方面有待提高；动力学性能有待完善；工艺软件包、工艺应用上尚需发展；工业机器人系统核心技术缺失，国产机器人产业面临性能与成本的双重压力，国产机器人产业需求与现有产品性能之间的矛盾突出，前沿技术研究零散，系统性支持缺失，占领机器人技术及产业国际制高点形势严峻。

3) 原材料缺失，导致企业生产成本上升。当前工业机器人关键部件的原材料需要进口，必然会提高成本，以后更多硬件材料可能用碳纤维、尼龙等复合材料进行替代。

4) 缺少高端技术人才，与国际发达国家存在一定差距。现在国家已经意识到了这个问题，目前很多普通高校和高职院校建立了机器人的相关专业，有一些学校像湖南大学、东南大学、东北大学甚至都成立了机器人学院来培养机器人的专业人才。

三、工业机器人未来发展趋势

人类工作分工比例：胳膊为 20%，双手为 80%。工业机械手和工业机械臂所做的工作要求速度、精度、重载，但是它们的灵活性还不够。在新型机器人研发上，希望研发灵巧性的机器人，包括双臂机器人、柔性机器人、灵巧手、智能传感机器人等。机器人现在正在进行着由"机器"向"人"进化的过程中。

未来，不仅要注重发展机器人的高端应用，也要发展其在不同领域的低端应用。比如卫浴五金（打磨抛光），看似简单的工作，它的应用要求甚至要比用在汽车生产线上的工业机器人还要高，比如它要防水、防尘、防爆；力控制、离线编程、曲面规划。

工业机器人要和传感相结合，尤其要与视觉相结合。工业机器人今后也不再只是做一些单元性的机器人单元，要走向"数字化工厂"。要做到这一点必须进行以下研究：

1) 研究机器人在自然、不可预知、动态环境中的感知。
2) 研究机器人和人在紧密接触、密切配合行为过程中确保人-机-物安全的技术。
3) 研究机器人作为"人类助手"乃至与普通人生活相适应的友好、智能、自然的人机交互技术。
4) 研究机器人自主学习、协同进化、机器思维、成长发育等学习与进化问题。

【任务小结】

本任务详细阐述了完成工业机器人手动操作所需要的知识，包括 6 轴 ABB 机器人本体、控制器（Controller）、示教器使用等相关知识内容，手动操作步骤在任务实施中用图片加以展示，还介绍了示教器硬件按钮的使用方法，有助于提高工作效率。

项目测评

一、理论题

1. 工业机器人的系统由三大部分六个子系统组成，三大部分为_____、_____和_____，六大子系统为_____、_____、_____、_____、_____、_____。
2. 工业机器人的控制方式主要有四种方式：_____、_____、_____、_____。
3. 自由度是指_____。

二、实践题

请同学们上网查阅资料，列举四大家族工业机器人各 1 种，填入表 1-10 中，写出其性能指标和应用场合。

表 1-10

序号	工业机器人品牌	性能指标	应用场合

　　本项目主要采用实训基地现场项目教学，通过了解工业机器人的系统组成、工业机器人的控制方式和性能指标、工业机器人的机械结构，掌握设置示教器参数，使用工业机器人控制柜，手动操作线性运动、重定位运动、单轴运动等专业知识。完成两个工作任务，对工作任务的实施过程进行任务评价，并且通过任务评价让学生巩固和拓展职业岗位相关知识。

项目二 搬运类工业机器人的应用编程

1. 认识搬运类工业机器人。
2. 熟练掌握搬运类工业机器人的基本操作方法。
3. 学会搬运类工业机器人示教编程方法。

任务一 搬运机器人的典型应用编程

【任务目标】

一、知识目标
(1) 了解搬运机器人的分类及特点。
(2) 掌握搬运机器人的系统组成及其功能。
(3) 熟悉搬运机器人作业示教的基本流程。

二、能力目标
(1) 能对搬运工业机器人的工艺要求有所了解。
(2) 能够进行搬运机器人的简单作业示教。

三、素质目标
(1) 培养敬业精神和职业道德。
(2) 培养较强的集体意识和团队合作精神。

【知识准备】

一、搬运机器人的特点及分类

搬运机器人的主要特点有：
1) 动作稳定，定位准确，保证批量一致性。
2) 生产效率高，大大降低工人劳动强度。
3) 适合有毒、有害环境，降低人工搬运对人体的伤害。

4）柔性高、适应性强，可实现多形状、不规则物料搬运。

从结构形式分类，搬运机器人可分为龙门式搬运机器人、悬臂式搬运机器人、侧壁式搬运机器人、摆臂式搬运机器人和关节式搬运机器人，如图2-1所示。

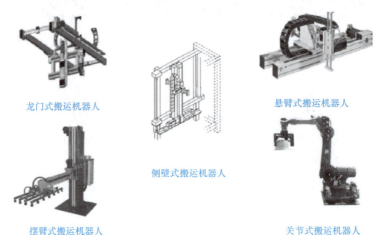

图2-1 搬运机器人

1. 龙门式搬运机器人

龙门式搬运机器人如图2-2所示，其坐标系主要由 X 轴、Y 轴和 Z 轴组成。其多采用模块化结构，可依据负载位置、大小等选择对应直线运动单元及组合结构形式，可实现大物料、重吨位搬运，采用直角坐标系，编程方便快捷，广泛运用于生产线转运及机床上下料等大批量生产过程。

2. 悬臂式搬运机器人

悬臂式搬运机器人如图2-3所示，其坐标系主要由 X 轴、Y 轴和 Z 轴组成。其也可随不同的应用采取不同的结构形式。悬臂式搬运机器人广泛运用于卧式机床、立式机床及特定机床的内部，及冲压机、热处理机床的自动上下料。

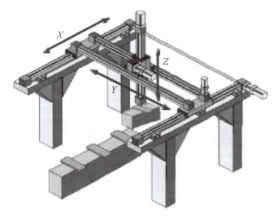

图2-2 龙门式搬运机器人

图2-3 悬臂式搬运机器人

3. 侧壁式搬运机器人

侧壁式搬运机器人如图2-4所示，其坐标系主要由 X 轴、Y 轴和 Z 轴组成。其也可随不同的应用采取不同的结构形式，主要应用于立体库类场景，如档案自动存取、全自动银行保管箱存取系统等。

4. 摆臂式搬运机器人

摆臂式搬运机器人如图2-5所示，其坐标系主要由 X 轴、Y 轴和 Z 轴组成。Z 轴主要是升降，也称为主轴。Y 轴的移动主要通过外加滑轨实现，X 轴末端连接控制器，可绕 X 轴转动，实现4轴联动。摆臂式搬运机器人广泛应用于国内外生产厂家，是关节式搬运机器人的理想替代品，但其负载程度相对于关节式搬运机器人小。

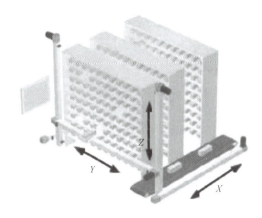

图2-4 侧壁式搬运机器人

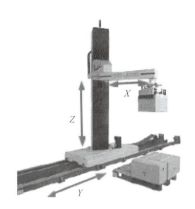

图2-5 摆臂式搬运机器人

5. 关节式搬运机器人

关节式搬运机器人如图2-6所示，是当今工业产业中常见的机型之一，其拥有5~6个轴，行为动作类似于人的手臂，具有结构紧凑、占地空间小、相对工作空间大、自由度高等特点，适合于几乎任何轨迹或角度的工作。

龙门式、悬臂式、侧壁式和摆臂式搬运机器人均在直角坐标系下作业，其适应范围相对较窄、针对性较强，适合定制专用机来满足特定需求。

关节式搬运机器人在实际运用中有如下特性：

1）能够实时调节动作节拍、移动速率、末端执行器动作状态。

2）可更换不同末端执行器以适应不同的物料形状，使用方便、快捷。

图2-6 关节式搬运机器人

3）能够与传送带、移动滑轨等辅助设备集成，实现柔性化生产。

4）占地面积相对小、动作空间大，减少厂源限制。

二、搬运机器人的系统组成及常用末端执行器

1. 搬运机器人的系统组成

搬运机器人是一个完整系统。以关节式搬运机器人为例，其工作站主要有操作机、控制

系统、搬运系统（气体发生装置、真空发生装置和手爪等）和安全保护装置组成，如图2-7所示。

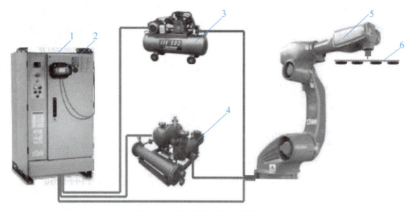

图2-7 搬运机器人系统组成

1—控制器 2—示教器 3—气体发生装置 4—真空发生装置 5—机器人本体 6—手爪（吸盘）

关节式搬运机器人运动轴如图2-8所示，常见的本体有4~6轴。6轴搬运机器人本体部分具有回转、抬臂、前伸、手腕旋转、手腕弯曲和手腕扭转6个独立旋转关节，多数情况下使用的5轴搬运机器人略去了手腕旋转这一关节，4轴搬运机器人则略去了手腕旋转和手腕弯曲这两个关节。

图2-8 关节式搬运机器人运动轴

2. 常见的末端执行器

常见的搬运机器人末端执行器有吸附式、夹钳式和仿人式等。

（1）吸附式末端执行器

吸附式末端执行器依据吸力不同可分为气吸附和磁吸附。

1）气吸附。主要是利用吸盘内压力和大气压之间压力差进行工作，依据压力差分为真空吸盘吸附（见图2-9）、气流负压气吸附（见图2-10）、挤压排气负压气吸附等（见图2-11）。

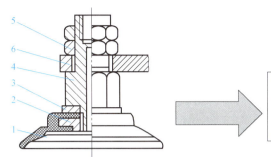

通过连接真空发生装置和气体发生装置实现抓取和释放工件，工作时，真空发生装置将吸盘与工件之间的空气吸走使其达到真空状态，此时，吸盘内的大气压小于吸盘外大气压，工件在外部压力的作用下被抓取

图 2-9　真空吸盘吸附

1—橡胶吸盘　2—固定环　3—垫片　4—支撑杆　5—螺母　6—基板

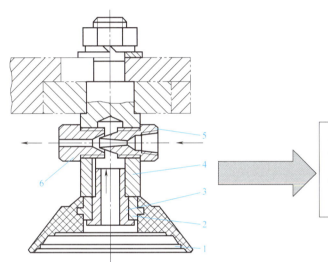

利用流体力学原理，通过压缩空气(高压)高速流动带走吸盘内气体(低压)使吸盘内形成负压，同样利用吸盘内外压力差完成取件动作，切断压缩空气随即消除吸盘内负压，完成释放工件动作

图 2-10　气流负压气吸附

1—橡胶吸盘　2—心套　3—透气螺钉　4—支撑架　5—喷嘴　6—喷嘴套

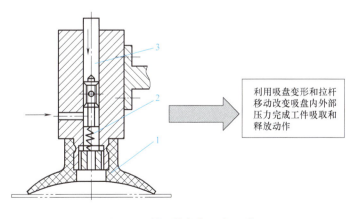

利用吸盘变形和拉杆移动改变吸盘内外部压力完成工件吸取和释放动作

图 2-11　挤压排气负压气吸附

1—橡胶吸盘　2—弹簧　3—拉杆

2）磁吸附。利用磁力吸取工件，常见的磁力吸盘分为永磁吸盘（见图2-12）、电磁吸盘（见图2-13）、电永磁吸盘等。

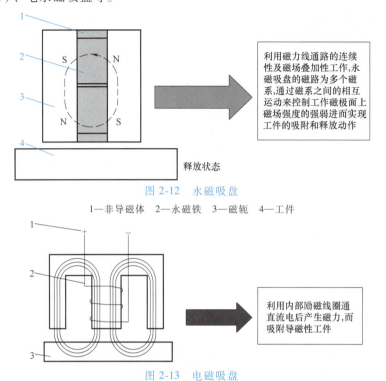

图 2-12　永磁吸盘

1—非导磁体　2—永磁铁　3—磁轭　4—工件

图 2-13　电磁吸盘

1—直流电源　2—励磁线圈　3—工件

电永磁吸盘是利用永磁磁铁产生磁力，利用励磁线圈对吸力大小进行控制，起到"开、关"作用。磁吸附只能吸附对磁产生感应的物体，故对于要求不能有剩磁的工件无法使用，且磁力受高温影响较大，故在高温下工作也不能选择磁吸附，所以其在使用中有一定局限性。常适合要求抓取精度不高且在常温下工作的工件。

（2）夹钳式末端执行器

夹钳式末端执行器通过手爪的开启、闭合实现对工件的夹取，由手爪、驱动机构、传动机构、连接和支承元件组成，多用于负载重、温度高、表面不光滑等吸附式无法进行工作的场合。常见手爪根据前端形状分V形爪、平面形爪、尖形爪等，如图2-14所示。

a）V形爪　　b）平面形爪　　c）尖形爪

图 2-14　夹钳式末端执行器

1）V形爪常用于抓取圆柱形工件，其加持稳固可靠，误差相对较小。

2）平面形爪多数用于抓取方形工件（至少有两个平行面，如方形包装盒等）、厚板形工件或者短小棒料。

3）尖形爪常用于夹持复杂场合的小型工件，避免与周围障碍物相碰撞，也可夹持炽热工件，避免搬运机器人本体受到热损伤。

（3）仿人式末端执行器

仿人式末端执行器是针对特殊外形工件进行抓取的一类手爪，其主要包括柔性手和多指灵巧手，如图 2-15 所示。

1）柔性手。柔性手为多关节柔性手腕，每个手指由多个关节链、摩擦轮和牵引丝组成，工作时通过一根牵引线收紧、另一根牵引线放松实现抓取，其可抓取形状不规则、圆形等轻便工件。

2）多指灵巧手。多指灵巧手包括多根手指，每根手指都包含 3 个回转自由度且为独立控制，可实现精确操作，广泛应用于核工业、航天工业等高精度作业。

a) 柔性手　　　　b) 多指灵巧手

图 2-15　仿人式末端执行器

搬运机器人夹钳式、仿人式手爪需要连接相应外部信号控制装置及传感系统，以控制搬运机器人手爪实时的动作状态及力的大小。其驱动方式多为气动、电动和液压驱动，对于轻型和中型的零件采用气动手爪；对于重型的零件采用液压手爪；对于精度要求高或复杂的场合采用伺服驱动的电动手爪。

夹钳式手爪常用形式，是通过斜楔、滑槽、连杆、齿轮螺杆或蜗轮蜗杆等机构组合而成，可适时改变传动比以实现对夹持工件不同力的需求。

依据手爪开启闭合状态传动装置可分为回转型和移动型。移动型手爪做平面移动或者直线往复移动来实现开启闭合，多用于夹持具有平行面的工件，设计结构相对复杂，应用不如回转型手爪广泛。

三、实训台组成及功能

1. 认识 ABB IRB120 型机器人

本项目多功能机器人实训台选用的是 ABB IRB120 型机器人（见图 2-16）。ABB IRB 120

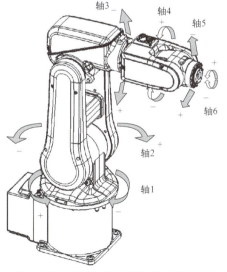

图 2-16　ABB IRB120 型机器人的 6 轴及运动方向

型机器人是 ABB 第四代机器人家族的最新成员,也是 ABB 制造的最小机器人,具有敏捷、紧凑、轻量的特点,控制精度与路径精度优,适用于物料搬运、装配等,其主要技术参数如表 2-1 所示。

表 2-1　ABB IRB120 型机器人主要技术参数

自由度		6	
安装方式		地面安装、墙壁安装、悬挂安装	
质量		25kg	
承重能力		3kg	
重定位精度		0.01mm	
各轴动作类型及范围	轴1	旋转动作	-165°~+165°
	轴2	手臂动作	-110°~+110°
	轴3	手臂动作	-110°~+70°
	轴4	手臂动作	-160°~+160°
	轴5	弯曲动作	-120°~+120°
	轴6	转向动作	-400°~+400°
各轴最大速度	轴1	250°/s	
	轴2	250°/s	
	轴3	250°/s	
	轴4	320°/s	
	轴5	320°/s	
	轴6	420°/s	

(1) ABB IRB120 型机器人的基本组成

ABB IRB120 型机器人由机器人本体、控制柜、示教器(见项目一)三部分组成。

机器人控制柜的开关和按钮如图 2-17 所示,"Motor on"控制,机器人电机上电;"Mode switch"为机器人手动模式及自动模式切换开关。其余接口如图 2-18 所示,表 2-2 为接口功能说明。

图 2-17　控制柜开关和按钮

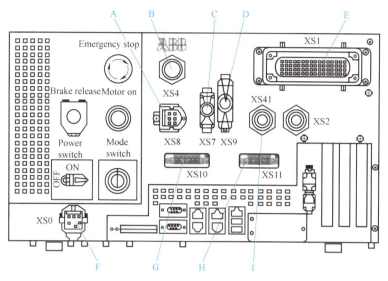

图 2-18 控制柜接口

表 2-2 控制柜接口功能说明

接口	功能说明
A	XS8 附加轴，电源电缆连接器（不能用于此版本）
B	XS4 FlexPendant 连接器
C	XS7 I/O 连接器
D	XS9 安全连接器
E	XS1 电源电缆连接器
F	XS0 电源输入连接器
G	XS10 电源连接器
H	XS11 DeviceNet 连接器
I	XS41 信号电缆连接器

（2）机器人电气接口部分

图 2-19 所示为机器人本体基座后方电气接口，R1.MP 为电机动力连接电缆；R1.SMB 为机器人转速计数器信号电缆；R1.CP CS 为机器人 10 路集成电路电缆接口。

（3）机器人控制柜 I/O 接口

机器人控制柜 I/O 接口如图 2-20 所示，机器人控制柜上 XS10 端为机器人 I/O 板电源

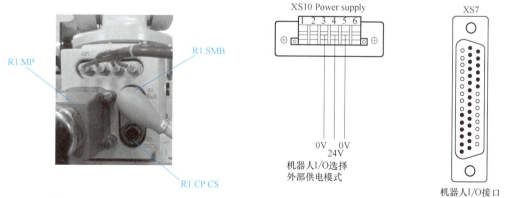

图 2-19 机器人电气接口

图 2-20 机器人控制柜 I/O 接口

选择端,其中选择3、4、5号端。XS7端子则是机器人I/O信号端。

2. PLC

多功能机器人实训台的整体控制是由PLC完成的,本项目选用西门子S7-200 smart的PLC,如图2-21所示。S7-200 smart系列是西门子公司推出的S7-200 PLC的替代产品,增强了PLC的通信能力,其主要参数如表2-3所示。

图2-21　S7-200 smart PLC外形

表2-3　主要规格参数

型号	SR20	SR40/ST40	SR60/ST60
集成I/O数字量	12DI/8DO	24DI/16DO	36DI/24DO
最大I/O点数(数字量)	76DI/72DO	88DI/80DO	100DI/88DO
最大I/O点数(模拟量)	24	24	24
高速计数	4个60kHz单相 2个40kHz双相	4个60kHz单相 2个40kHz双相	4个60kHz单相 2个40kHz双相
程序内存	工作:12KB 装载:8KB 保持区:10KB	工作:24KB 装载:16KB 保持区:10KB	工作:30KB 装载:20KB 保持区:10KB
指令执行时间	0.15μs	0.15μs	0.15μs

3. 实训台其他组成

(1) 输送线

输送线主要进行物料的输送,与机器人相配合,可以非常方便地组成各种自动化生产线。输送线系统广泛应用于各种手工装配流水线、自动化生产线中。图2-22为皮带输送线,图2-23为倍速链输送线,图2-24为滚筒输送线,图2-25为链板线输送线。

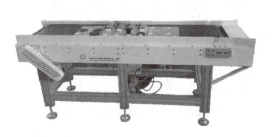

图2-22　皮带输送线

图2-23　倍速链输送线

图 2-24　滚筒输送线

图 2-25　链板线输送线

（2）实训台输送带模块

多功能机器人实训台的输送带模块如图 2-26 所示。

（3）位置传感器

位置传感器是能感受被测物的位置并转换成可用输出信号的传感器。位置传感器可用来检测位置，反映被测物体的位置状态。根据检测方式分类，位置传感器主要有接触式和接近式两种，接近式位置传感器也称为接近开关。

常见接触式位置传感器有行程开关、二维矩阵式位置传感器等。行程开关如图 2-27 所示。

图 2-26　输送带模块

图 2-27　行程开关

常见的接近式位置传感器主要是接近开关。接近开关是指当物体与其接近到设定距离时就发出动作信号的开关，它无须和物体直接接触。接近开关有很多种类，主要有电磁式（见图 2-28）、光电式（见图 2-29）、差动变压器式等。

图 2-28　电磁式接近开关

图 2-29　光电式接近开关

多功能机器人实训台输送带模块末端安装的是欧姆龙光电式接近开关（见图 2-30），用来检测工件是否传送到位。其他类型的位置传感器还有光纤传感器等，如图 2-31 所示，应用也比较广泛。

图 2-30　欧姆龙光电式接近开关

图 2-31　光纤传感器

（4）调速电机

电机在输送线上被广泛应用。图 2-26 所示实训台输送带的电机为 31K15RGN-C 单相调速电机（见图 2-32），其具体参数如表 2-4 所示。

图 2-32　31K15RGN-C 单相调速电机

表 2-4　单相调速电机基本参数

额定电压	220V
额定功率	15W
级数	4
额定转速	1250r/min

（5）末端执行器（工具）

1）抓放工具。搬运机器人的末端执行器也叫工具，它是装在机器人手腕上用于抓取和握紧工件或执行作业的专用工具。按夹持原理分为机械类、磁力类和真空类三种。机械类工具包括依靠摩擦力和吊钩承重两种。机械类工具产生夹紧力的驱动源可分为气动式、液动式、电动式和电磁式四种；磁力类工具主要有电磁吸盘和永磁吸盘两种；真空类主要包括真空式吸盘。实训台采用的是机器人专用双功能气动夹具，如图 2-33 和图 2-34 所示。

图 2-33　双功能气动夹具模型

图 2-34　双功能气动夹具实物

2）抓放动作控制。气动夹具又叫气动夹爪，是利用压缩空气作为动力，以实现各种抓取功能。气动夹具常用在搬运机器人抓取、拾放物体。搬运机器人抓取工件前，利用压缩空气作为动力，打开夹具，夹具到达工件所在位置，闭合夹具，开始抓取工件。

实训台选用电磁阀和静音无油空气压缩机配合机器人抓取工件，如图 2-35 和图 2-36 所示。空气压缩机的工作原理：由一对相互平行啮合的阴阳转子（或称螺杆）在气缸内转动，使转子齿槽之间的空气不断地产生周期性的容积变化，空气则沿着转子轴线由吸入侧输送至输出侧，实现螺杆式空气压缩机的吸气、压缩和排气的全过程。空气压缩机的进气口和出气口分别位于壳体的两端，阴转子的槽和阳转子齿被主电机驱动而旋转。

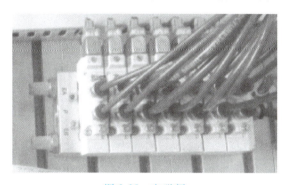

图 2-35　电磁阀

图 2-36　空气压缩机

四、示教与再现

"示教"就是机器人学习的过程，在这个过程中，操作者要手把手教会机器人做某些动作，机器人的控制系统会以程序的形式将其记忆下来。

机器人按照示教时记忆下来的程序展现这些动作，就是"再现"的过程。

示教-再现机器人的工作原理如图 2-37 所示。

五、ABB 工业机器人程序存储器

ABB 工业机器人程序存储器中存放应用程序和系统模块两部分。程序存储器中只允许存在一

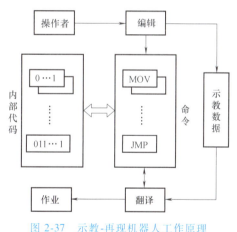

图 2-37　示教-再现机器人工作原理

个主程序，所有例行程序（子程序）与数据无论存在什么位置，全部被系统共享。所有例行程序与数据名称不能重复。ABB 工业机器人程序存储器的组成如图 2-38 所示。

应用程序（Program）的组成：应用程序由主模块和程序模块组成。主模块（Main module）包含主程序（Main routine）、程序数据（Program data）和例行程序（Routines）；程序模块（Program modules）包含程序数据（Program data）和例行程序（Routines）。

系统模块（System modules）的组成：系统模块包含系统数据（System data）和例行程序（Routines）。

所有 ABB 机器人都自带两个系统模块，USER 模块和 BASE 模块。使用时对系统自动生成的任何模块不能进行修改。

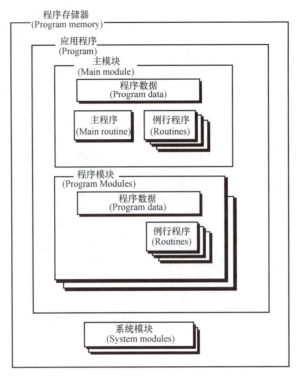

图 2-38　ABB 工业机器人程序存储器的组成

六、编程基础

1. ABB 工业机器人的数据类型

ABB 工业机器人的数据类型有变量 VAR、可变量 PERS 和常量 CONST。

（1）变量 VAR

程序在执行过程中停止，变量型数据会保持当前的值。但如果程序指针被移到主程序后，则数值会丢失。

举例说明：

VAR　num length：=0；　　　　　　　　！定义名称为 length 的数字数据

VAR　string name：="John"；　　　　　！定义名称为 name 的字符数据

VAR　bool finished：=FALSE；　　　　！定义名称为 finished 的布尔量数据

（2）可变量 PERS

可变量最大的特点是，无论程序的指针如何，都会保持最后赋予的值，直到对其进行重新赋值。

举例说明：

PRES　string text：="Hello"；　　　　！定义名称为 text 的字符数据

PRES　num　nbr：=1；　　　　　　　　！定义名称为 nbr 的数字数据

（3）常量 CONST

常量的特点是在定义时已赋予了数值，并不能在程序中进行修改，除非手动修改。

举例说明：

CONST num givgg：=1; !定义名称为 givgg 的数字数据
CONST sting greating：="Hello"; !定义名称为 greating 的字符数据

2. ABB 工业机器人的基本指令

（1）基本运动指令

常用基本运动指令有直线运动指令（MoveL）、关节运动指令（MoveJ）和圆弧运动指令（MoveC）。

基本运动指令

1）直线运动指令的应用：直线由起点和终点确定，因此当机器人的运动路径为直线时使用直线运动指令 MoveL，只需示教确定运动路径的起点和终点即可。

指令格式：MoveL 目标点（p），速度（v），转弯区（fine/zone），TCP（tooll）；

例如，MoveL p1, v100, z10, tool1;（直线运动起始点程序语句）

① p1：目标点。

② v100：机器人运行速度。

修改方法：将光标移至速度数据处，按"Enter"键，进入窗口，选择所需速度。

③ z10：转弯区尺寸。

修改方法：将光标移至转弯区尺寸数据处，按"Enter"键，进入窗口，选择所需转弯区尺寸，也可以自定义。

fine 指机器人 TCP 达到目标点（见图 2-39 中的 p2 点），在目标点速度降为零。机器人动作有停顿，焊接编程时，必须用 fine 参数。

zone 指机器人 TCP 达不到目标点，而是在距离目标点一定长度（通过编程确定，如 z10）处圆滑绕过目标点，如图 2-39 中的 p1 点。

④ tool1：工具坐标。

例 2-1： 使机器人沿长 100mm、宽 50mm 的长方形路径运动。采用 Offs 函数精确确定运动路径的数值。

机器人的运动路径如图 2-40 所示，机器人从起始点 p1，经过 p2、p3、p4 点，回到起始点 p1。

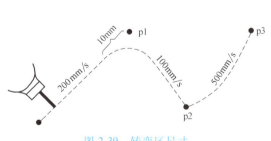

图 2-39 转弯区尺寸

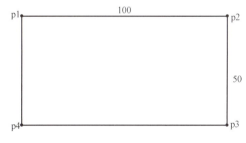

图 2-40 长方形路径

为了精确确定 p1、p2、p3、p4 点，可以采用 Offs 函数，通过确定参变量的方法进行点的精确定位。

Offs（p1, x, y, z）代表一个离 p1 点 X 轴偏差量为 x，Y 轴偏差量为 y，Z 轴偏差量为 z 的点。

将光标移至目标点，按"Enter"键，选择 Func，采用切换键选择所用函数，并输入数值。如 p3 点程序语句为

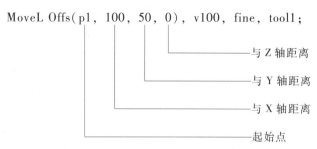

机器人长方形路径的程序如下：
MoveL Offsp1, v100, fine, tool1;   p1
MoveL Offs（p1, 100, 0, 0）, v100, fine, tool1;   p2
MoveL Offs（p1, 100, 50, 0）, v100, fine, tool1;   p3
MoveL Offs（p1, 0, 50, 0）, v100, fine, tool1;   p4
MoveL Offsp1, v100, fine, tool1;   p1

2）关节运动指令的应用。

程序一般起始点使用 MoveJ 指令。机器人将 TCP 沿最快速轨迹送到目标点，机器人的姿态会随意改变，TCP 路径不可预测。机器人最快速的运动轨迹通常不是最短的轨迹，因而关节运动不是直线运动。由于机器人关节旋转运动，因此弧形轨迹会比直线轨迹更快。

运动特点：运动的具体过程是不可预见的，六个轴应同时启动并且同时停止。

使用 MoveJ 指令可以使机器人的运动更加高效快速，也可以使机器人的运动更加柔和，但是关节运动轨迹是不可预见的，所以使用该指令时务必确认机器人与周边设备不会发生碰撞。

指令格式：MoveJ[\Conc,]ToPoint,Speed[\V] [\T],Zone[\Z] [\Inpos],Tool[\Wobj];

［\Conc,］:协作运动开关。
ToPoint:目标点,默认为 *。
Speed:运行速度数据。
［\V］:特殊运行速度（mm/s）。
［\T］:运行时间控制（s）。
Zone:运行转角数据。
［\Z］:转弯区半径 mm。
［\Inpos］:运行停止点数据。
Tool:工具中心点（TCP）。
［\Wobj］:工件坐标系。
例如：MoveJ p1,v2000,fine,grip1;
　　　MoveJ p1,v2000,z40,grip1\Wobj:=wobjTable;

该指令可以使机器人以最快捷的方式运动至目标点，机器人运动状态不完全可控，但运动路径保持唯一，常用于机器人在空间内的大范围移动。

3）圆弧运动指令的应用

圆弧由起点、中点和终点三点确定，使用圆弧运动指令 MoveC 需要示教确定运动路径的起点、中点和终点。圆弧运动路径如图 2-41 所示。

起点为 p0，也就是机器人的原始位置，使用 MoveC 指令会自动显示需要确定的另外两点，即中点和终点，程序语句如下：

MoveC　p1,p2,v100,z1,tool1;

与直线运动指令一样，也可以使用 Offs 函数精确定义运动路径。

例 2-2： 如图 2-42 所示，令机器人沿圆心为 p 点，半径为 80mm 的圆运动。

程序如下：

MoveJ　p,v500,z1,tool1;

MoveL　Offs(p,80,0,0),v500,z1,tool1;

MoveC　Offs(p,0,80,0),Offs(p,-80,0,0),v500,z1,tool1;

MoveC　Offs(p,0,-80,0),Offs(p,80,0,0),v500,z1,tool1;

MoveJ　p,v500,z1,tool1;

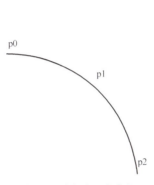

图 2-41　圆弧运动路径

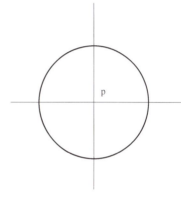

图 2-42　整圆路径

下面说明一下 fine 与 z0 的区别。

轨迹上，z0 和 fine 类似。但 fine 除了准确到达外，还有一个阻止程序预读的功能。机器人运行的时候，示教器有两个图标，一个是左侧的箭头，表示程序已经读取到的行，还有一个是机器人图标，表示机器人实际在走的行。为了要实现平滑过渡等功能，机器人要预读几行代码。

如果使用了 z0，机器人在走第 3 行时，程序已经执行到 5 行，即机器人还没走到位置已经打开了 do1。

```
PROC test( )                    //第 1 行
    MoveL p0,V500,z0,tool0;     //第 2 行
    MoveL p1,V500,z0,tool0;     //第 3 行
    Set do1;                    //第 4 行
    MoveL p2,V500,z0,tool0;     //第 5 行
ENDPROC
```

如果使用了 fine，机器人在走第 3 行时，程序还在 3 行，即有了 fine，程序指针不会预读，即机器人走完第 3 行后，才会执行打开 do1。

```
PROC test( )                    //第 1 行
    MoveL p0,V500,z0,tool0;     //第 2 行
    MoveL p1,V500,fine,tool0;   //第 3 行
```

                    Set do1;   //第 4 行
                    MoveL p2,V500,z0,tool0;   //第 5 行
ENDPROC

（2）输入输出指令

do 指机器人输出信号，di 指机器人输入信号。

输入输出信号有两种状态："1"为接通；"0"为断开。

1）设置输出信号指令：Set　do1。

2）复位输出信号指令：Reset　do1。

3）输出脉冲信号指令：PulseDO　do1。

（3）通信指令（人机对话）

1）清屏指令：TPErase。

2）写屏指令：TPWrite String。

其中，String 为在示教器显示屏上显示的字符串。每一个写屏指令最多可显示 80 个字符。

（4）程序流程指令

1）判断执行指令 IF。

2）循环执行指令 WHILE。循环执行指令运行时，直到不满足判断条件后，程序才跳出循环指令，执行后面的指令。

3）FOR 循环指令。该指令可以重复执行，用于一个或多个指令需要重复执行多次的情况，指令格式为

FOR　i　　FROM　1　TO　10　DO　　　//表示　i 从 1 到 10,重复执行 10 次
        指令   //需要循环的指令
ENDFOR

（5）机器人停止指令

Stop 指令：机器人停止运行，软停止指令，直接在下一句指令启动机器人。

Exit 指令：机器人停止运行，并且复位整个运行程序，将程序指针移至主程序第一行。下一次运行程序时，机器人程序必须从头开始。

（6）赋值指令

指令格式为

Date　:=　Value；

Date：指被赋值的数据。

Value：指该数据被赋予的值。

（7）等待指令

指令格式为

WaitTime　Time；

等待指令是让机器人运行到该程序时等待一段时间，Time 为机器人等待的时间。

（8）中断程序 TRAP 的应用

在 RAPID 程序执行过程中，如果出现需要紧急处理的情况，机器人会中断当前的执行程序，程序指针 PP 马上跳转到专门的程序中对紧急情况进行相应的处理，处理结束后程序

指针 PP 返回到原来中断的地方,继续往下执行程序。这种用来处理紧急情况的专门程序,称为中断程序 TRAP。

中断程序经常会用于错误处理、I/O 外部信号响应等实时性要求较高的场合。

1) 中断设定指令。

IDelete:取消指定的中断。

CONNECT:连接一个中断符号到中断程序。

ISignalDI:使用一个数字输入信号触发中断。

ISignalDO:使用一个数字输出信号触发中断。

ISignalGI:使用一个组输入信号触发中断。

ISignalGO:使用一个组输出信号触发中断。

ISignalAI:使用一个模拟输入信号触发中断。

ISignalAO:使用一个模拟输出信号触发中断。

ITimer:计时中断。

TriggInt:在一个指定的位置触发中断。

IPers:使用一个可变量触发中断。

IError:当一个错误发生时触发中断。

2) 中断控制指令。

ISleep:关闭一个中断。

IWatch:激活一个中断。

IDisable:关闭所有中断。

IEnable:激活所有中断。

3) 中断实例。

以外部按钮信号进行实时监控为例,说明中断程序的使用方法。要求如下:

① 配置一个数字量输入 DI1,正常信号为 0。

② 如果 DI1 信号由 0 变为 1,就对 reg1 数据进行加 1 的操作。

中断程序为

```
PROC main( )
    IDelete intno1;                    //删除中断数据,防止误触发
    CONNECT intno1 WITH TRAP_DI1;      //连接中断
    ISignalDI\Single,di0,1,intno1;     //通过 DI 信号触发中断程序
WHILE TRUE DO
MoveL P0,v500,fine,tool0;
MoveL P1,v500,fine,tool0;
MoveL P3,v500,fine,tool0;
ENDPROC
TRAP    TRAP_DI1                       //中断例行程序 TRAP_DI1
        reg1:=reg1 + 1;
ENDTRAP
```

按一下 di0 所对应的外部按钮,中断程序执行一次。

【任务实施】

一、I/O 设置

在示教器中，配置系统的输入信号、输出信号、I/O 单元、I/O 信号，ABB 标准 I/O 板 DSQC652 数字输入、输出端子如表 2-5 所示。

1. 与 PLC 的通信

DeviceNet 现场总线是 ABB 机器人常用的总线协议，采用 DeviceNet 现场总线与 PLC 进行通信。

表 2-5 ABB 标准 I/O 板 DSQC652 数字输入、输出端子

数字输入端子		使用定义	地址分配	数字输出端子		使用定义	地址分配
X3	1	INPUT CH1	0	X1	1	OUTPUT CH1	0
	2	INPUT CH2	1		2	OUTPUT CH2	1
	3	INPUT CH3	2		3	OUTPUT CH3	2
	4	INPUT CH4	3		4	OUTPUT CH4	3
	5	INPUT CH5	4		5	OUTPUT CH5	4
	6	INPUT CH6	5		6	OUTPUT CH6	5
	7	INPUT CH7	6		7	OUTPUT CH7	6
	8	INPUT CH8	7		8	OUTPUT CH8	7
X4	1	INPUT CH9	8	X2	1	OUTPUT CH9	8
	2	INPUT CH10	9		2	OUTPUT CH10	9
	3	INPUT CH11	10		3	OUTPUT CH11	10
	4	INPUT CH12	11		4	OUTPUT CH12	11
	5	INPUT CH13	12		5	OUTPUT CH13	12
	6	INPUT CH14	13		6	OUTPUT CH14	13
	7	INPUT CH15	14		7	OUTPUT CH15	14
	8	INPUT CH16	15		8	OUTPUT CH16	15

2. 配置 I/O 板 DSQC652 的总线连接

配置 I/O 板 DSQC652 的总线连接具体操作如下。

1）打开示教器，设置机器人的运行模式为"手动"模式，如图 2-43 所示。

2）依次按照如图 2-44～图 2-47 所示步骤操作，创建一个单元。

标准 IO 板 DSQC652 配置

图 2-43 设置"手动"模式

图 2-44 进入主界面

图 2-45　打开控制面板

图 2-46　选择 Unit

图 2-47　配置 Unit

3）新创建的单元配置参数，重命名为"board10"，如图 2-48 和图 2-49 所示。

4）设置 I/O 类型，如图 2-50 所示，选择"Type of Unit"。

图 2-48　双击"Name"

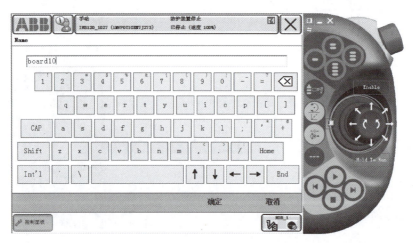

图 2-49　输入"board10"

图 2-50　选择"Type of Unit"

5) 设置 I/O 板的总线，如图 2-51 所示，选择 d652 总线。

图 2-51　选择"d652"

6) 设置 I/O 板在总线中的地址为"10"，步骤如图 2-52~图 2-54 所示。

图 2-52　单击"Connected to Bus"

图 2-53　单击"DeviceNet Address"

图 2-54 使用触摸屏键盘输入 "10"

7)新建单元 "board10" 的参数配置完成,如图 2-55 所示。配置完成后,系统会弹出重启画面,如图 2-56 所示。控制器只有重启之后新配置的 I/O 板才能使用。

图 2-55 配置完成

图 2-56 重新启动

3. 配置 I/O 板 DSQC652 数字输入信号

1）定义一个数字输入信号，如图 2-57 所示，单击"添加"按钮。

2）将新创建的数字输入信号重命名为"DI10_1"。双击"Name"，将"tmp0"修改为"DI10_1"，如图 2-58 和图 2-59 所示。

数字量输入输出信号配置

图 2-57 "Singal"单元界面

图 2-58 双击"Name"

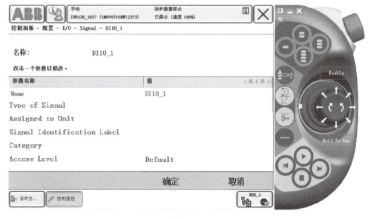

图 2-59 输入"DI10_1"

3）设置数字输入信号"DI10_1"的类型。在"Type of Signal"的下拉列表中选择"Digital Input"，即将"DI10_1"设置为数字量输入信号，如图2-60所示。

图2-60　单击"Type of Signal"

4）设置数字输入信号"DI10_1"所在I/O模块为"board10"，如图2-61和图2-62所示。

图2-61　单击"Assigned to Unit"

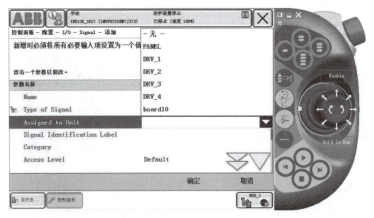

图2-62　选择"board10"模块

5）设置数字输入信号"DI10_1"的 I/O 地址。将"Unit Mapping"设置为"0"，对应 I/O 通道为 0 通道，如图 2-63 和图 2-64 所示。

图 2-63　单击"Unit Mapping"

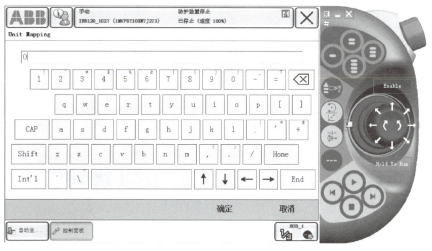

图 2-64　输入"0"

6）新建数字输入信号"DI10_1"的参数配置完成，如图 2-65 所示。单击"确定"按钮，系统会自动弹出重启画面，如图 2-66 所示。I/O 点的配置也是需要重启后才能使用的，这里可以在配置完 I/O 板 DSQC652 的总线和 I/O 信号后再重启，以节省操作时间。因此这一步单击"否"。

按照上述创建数字输入信号"DI10_1"的步骤，再创建 5 个数字输入信号，分别重命名为"DI10_2""DI10_3""DI10_4""DI10_5""DI10_6"，如图 2-67~图 2-71 所示。

4. 配置 I/O 板 DSQC652 的数字输出信号

1）打开"控制面板"，单击"配置"→"Singal"→"添加"按钮，定义一个数字输出信号。

2）将新创建的数字输出信号重命名为"DO10_1"。双击"Name"，使用触摸屏键盘输入"DO10_1"，单击"确定"按钮。

图 2-65 配置完成

图 2-66 重新启动

图 2-67 "DI10_2"参数

图 2-68 "DI10_3" 参数

图 2-69 "DI10_4" 参数

图 2-70 "DI10_5" 参数

图 2-71 "DI10_6"参数

3）设置数字输出信号"DO10_1"的类型。单击信号类型"Type of Singal"，如图 2-72 所示，选择"Digital Output"。

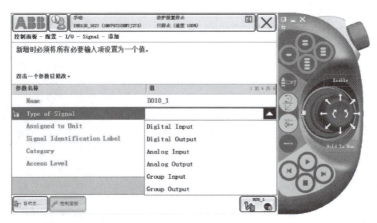

图 2-72 单击"Type of Singal"

4）设置数字输出信号"DO10_1"所在 I/O 模块为"board10"。单击"Assigned to Unit"，选择"board10"模块，如图 2-73 和图 2-74 所示。

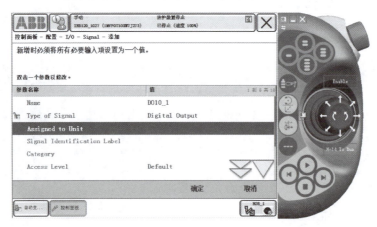

图 2-73 单击"Assigned to Unit"

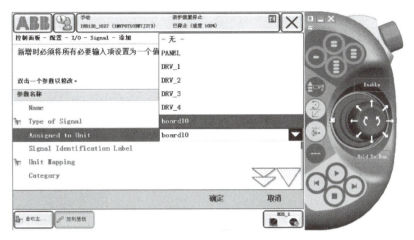

图 2-74 选择"board10"模块

5）设置数字输出信号"DO10_1"所占用的地址为"0"。单击"Unit Mapping"，使用触摸屏键盘输入"0"，单击"确定"按钮，如图 2-75 和图 2-76 所示。

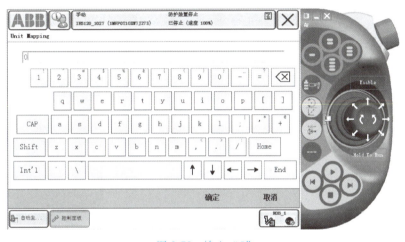

图 2-75 输入"0"

图 2-76 配置完成

6）新建数字输出信号"DO10_1"的参数配置完成，单击"确定"按钮，在弹出的窗口选择重新启动"是"；也可选择不重新启动"否"，在创建完所有数字输出信号后，再重新启动。重复上述过程，新建数字输出信号"DO10_2""DO10_3"，如图2-77和图2-78所示。

图2-77 "DO10_2"参数

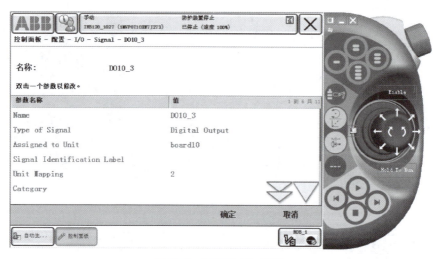

图2-78 "DO10_3"参数

5. 配置I/O板DSQC652的系统输入和输出信号

1）打开"控制面板"，单击"配置"→"System Input"，单击"添加"按钮，定义一个系统输入信号，如图2-79和图2-80所示。

2）将系统输入信号与机器人系统的数字输入信号"DI10_3"相关联，在弹出的窗口选择重新启动"是"；也可选择不重新启动"否"，在完成所有信号关联后，再重新启动。步骤如图2-81~图2-83所示。

3）重复步骤1）定义一个系统输入信号，将此系统输入信号与机器人系统的数字输入信号"DI10_4"相关联，作为程序启动信号，双击"Singal Name"，选择数字输入信号"DI10_4"，信号关联设置完成，如图2-84~图2-86所示。

图 2-79　单击"System Input"

图 2-80　定义系统输入信号

图 2-81　选择信号"DI10_3"

图 2-82　选择"Motors On"

图 2-83　信号关联设置完成

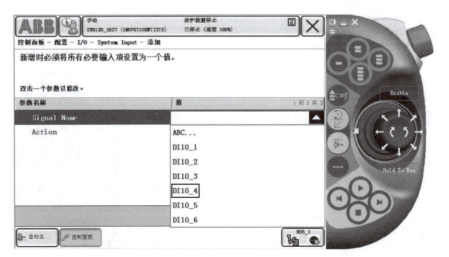

图 2-84　选择信号"DI10_4"

图 2-85　选择"Start"

图 2-86　选择单周循环"Cycle"

4）重复步骤 1）定义一个系统输入信号，将此系统输入信号与机器人系统的数字输入信号"DI10_5"相关联，如图 2-87 和图 2-88 所示。

图 2-87　选择信号"DI10_5"

图 2-88 选择"Stop"

5）重复步骤 1）定义一个系统输入信号，将此系统输入信号与机器人系统的数字输入信号"DI10_6"相关联，如图 2-89 和图 2-90 所示，在弹出的窗口选择重新启动"是"。

图 2-89 选择信号"DI10_6"

图 2-90 选择"Reset Emergency stop"

二、I/O 仿真调试

搬运机器人的第六轴末端添加一个气动夹具,利用压缩空气作为动力,实现各种抓取功能。当机器人运行到传送带末端需要抓取工件时,采用气动控制使气动夹具闭合;当机器人运行到工作台位置需要松开工件时,则把气动夹具打开,指令如下:

Set DO10_3;

Reset DO10_3;

在示教器中,可以对 I/O 信号的状态进行仿真和强制操作。具体操作步骤如下:在主菜单"输入输出"中单击"视图",如图 2-91 所示,在这里可以选择要显示的信号类型,本任务选择"全部信号",打开的界面如图 2-92 所示,选择"board10",在"board10"中定义的所有输入输出信号都会显示出来,如图 2-93 所示。选择要测试的 I/O,单击"1",将真空信号置为 1,打开真空设备,控制夹具开启,如图 2-94 所示。

I/O 仿真调试

图 2-91 单击"视图"

图 2-92 "I/O 单元"窗口

图 2-93　board10 的 I/O 信号

图 2-94　设置 DO10_3 信号

三、搬运轨迹设计与编程

1. 搬运机器人系统 PLC 的输入和输出分配

PLC 的 I/O 分配表如表 2-6 所示，硬件接线图如图 2-95 所示。

表 2-6　PLC 的 I/O 分配表

输入		输出	
输入点	功能	输出点	功能
X0	启动	Y0	机器人接线端子
X1	停止	Y1	
X2	复位	Y2	
X3	急停	Y3	

（续）

输入		输出	
输入点	功能	输出点	功能
X5	三模式选择	Y12	皮带一启动
X6		Y13	皮带二启动
X14	皮带一光电开关	Y14	模式指示01
X15	皮带二光电开关	Y15	模式指示02
X16	皮带一光纤传感器	Y16	运行指示灯
X17	皮带二光纤传感器	Y17	皮带一送料电磁阀
		Y20	皮带二送料电磁阀

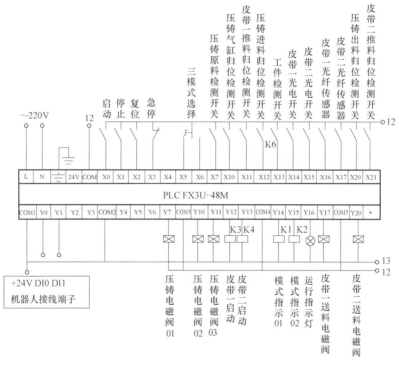

图 2-95　硬件接线图

2. 搬运机器人程序设计

（1）搬运机器人控制要求

利用机器人多功能实训台（见图 2-96）编写搬运程序。抓取工件过程：机器人启动，机器人检测工作原点位置，打开夹具，等待工件到达，运动到工件所在位置，抓取工件。

放下工件过程，机器人运动到 p100 正上方 100mm 处，运动到工作台上方的位置，打开夹具，放下工件，返回到正上方 100mm 处，最后返回至工作原点。

（2）搬运机器人工作流程

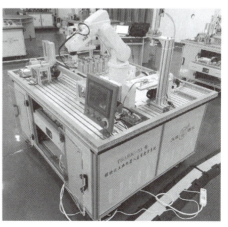

图 2-96　机器人多功能实训台

搬运机器人工作流程如图 2-97 所示。

(3) 搬运机器人程序编写

搬运机器人程序如下:

PROC main( )

MoveAbsJ [[0,0,0,0,90,0],[9E+09,9E+09,9E+09,9E+09,9E+09,9E+09]]\NoEOffs,v500,z50,tool0;

Reset DO10_3;   //复位夹具

WaitDI DI10_1, 1;   //延时

MoveJ Offs (p90, 0, 0, 50), v500, z10, tool0;

          //抓取点上端

MoveL p90, v50, fine, tool0;   //抓取点

  WaitTime 1;   //延时 1s

  Set DO10_3;   //夹具夹紧

  WaitTime 1;   //延时 1s

MoveL Offs (p90, 0, 0, 100), v50, fine, tool0;

          //抓取点上端

MoveJ Offs (p100, 0, 0, 100), v300, fine, tool0;

          //放置点上端

MoveL p100, v50, fine, tool0;   //放置点

WaitTime 1;   //延时 1s

Reset DO10_3;   //打开夹具

MoveL Offs (p100, 0, 0, 100), v50, fine, tool0;

          //放置点上端

ENDPROC

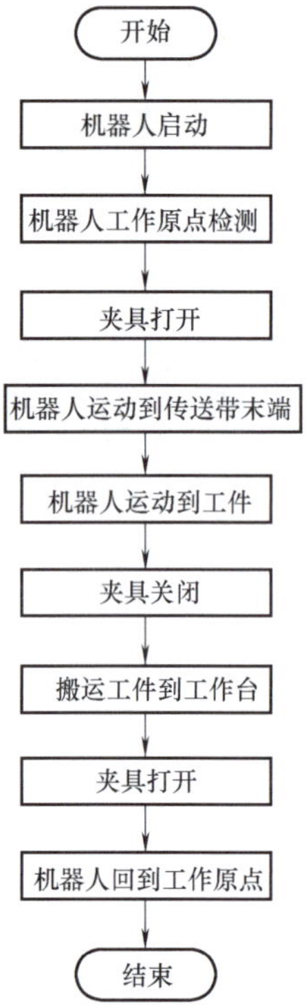

图 2-97 工作流程图

3. 程序新建与示教

(1) 新建程序

1) 在机器人示教器上单击"ABB",然后单击"程序编辑器",如图 2-98 所示,进入下一步。

图 2-98 程序编辑器

2）若机器人尚未创建过程序，则会弹出如图 2-99 所示窗口，单击"新建"然后进入程序编辑器窗口。

图 2-99　新建程序

（2）设定机器人初始姿态

1）在程序编辑器窗口中，单击"添加指令"，然后单击"MoveAbsJ"，如图 2-100 所示。"MoveAbsJ"是机器人绝对位置运动指令，目标位置数据是指机器人 6 个轴和外轴的角度值定义的绝对位置。

图 2-100　添加"MoveAbsJ"指令

2）双击"MoveAbsJ"指令行中的"*"，弹出变量修改窗口，单击下方"表达式…"，如图 2-101 所示。

3）如图 2-102 所示，单击"编辑"，然后单击"仅限选定内容"。

4）如图 2-103 所示，将该组数值中第一个中括号内的数值改为"[0，0，0，0，90，0]"，其他数值不修改，然后单击"确定"返回。

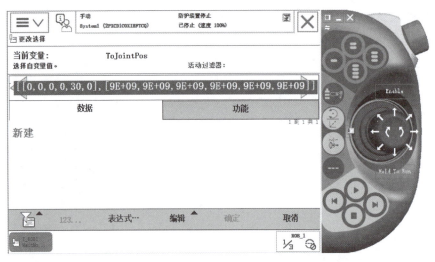

图 2-101　单击"表达式…"

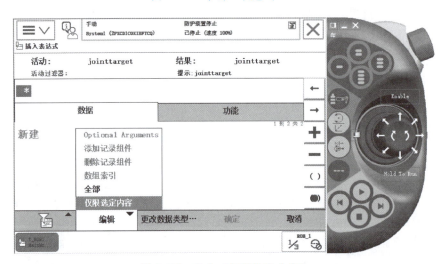

图 2-102　选中"仅限选定内容"

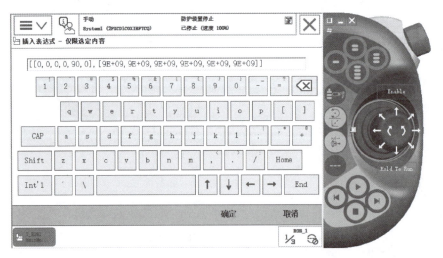

图 2-103　修改参数

5)"MoveAbsJ"指令参数修改完成后,程序如图 2-104 所示。

图 2-104　完成"MoveAbsJ"指令参数修改

(3)复位机器人 I/O 输出

1)添加复位 I/O 输出指令"Reset",如图 2-105 所示;选择在当前指令下方插入程序,如图 2-106 和图 2-107 所示。

图 2-105　添加指令

2)电磁阀和气缸的动作需要一定的时间,在此添加一条延时指令,如图 2-108 所示。

(4)将夹具移动到抓取点上方

将夹具移动至抓取点 p90 上方 50mm 的位置,在此处可以新建一个点,也可以使用相对于 p90 的偏移量,如图 2-109 所示。

(5)抓取物体

1)添加"MoveL"指令,将夹具移动至抓取点位置,如图 2-110 所示。

2)添加输出指令,使夹具夹紧,为了保证夹紧动作顺利完成,在其上下均加上延时指令,如图 2-111 所示。

图 2-106　选择指令插入位置

图 2-107　复位指令

图 2-108　添加延时指令

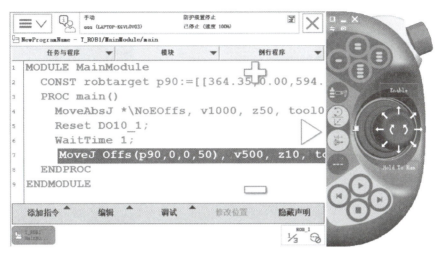

图 2-109 抓取点上方

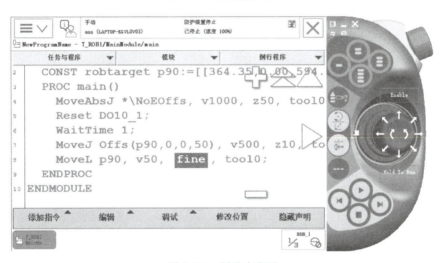

图 2-110 抓取点位置

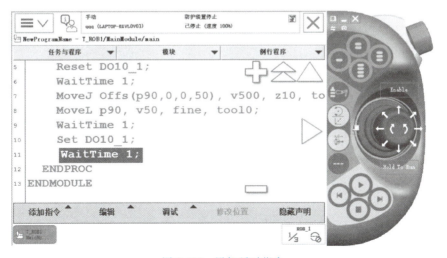

图 2-111 添加延时指令

3）夹起搬运物，如图 2-112 所示。

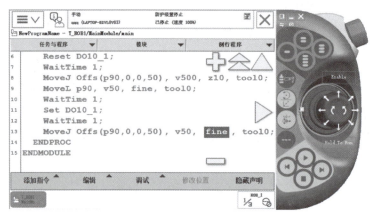

图 2-112　夹起搬运物

（6）搬运

1）搬运至放置点上方，如图 2-113 所示。

图 2-113　放置点上方

2）搬运至放置点，如图 2-114 所示。

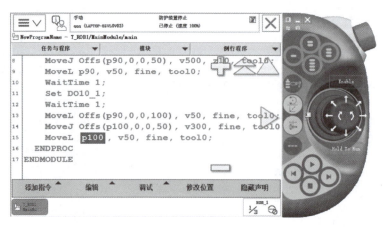

图 2-114　放置点

（7）放置

1）夹具打开，添加复位指令，如图 2-115 所示。

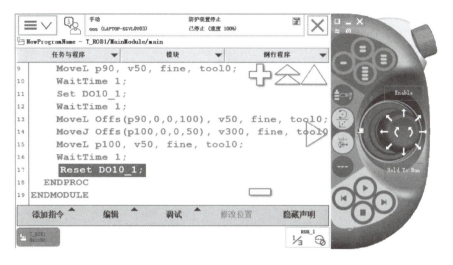

图 2-115　打开夹具

2）抬起夹具，如图 2-116 所示。

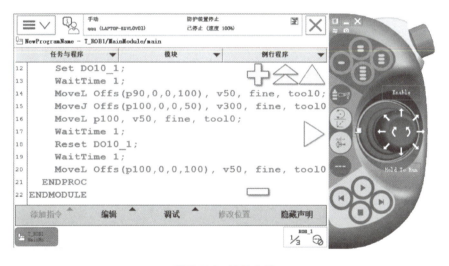

图 2-116　抬起夹具

四、程序调试和仿真

1. 程序调试

在程序编辑器界面，单击"调试"按钮，单击"检查程序"判断程序是否有错误，若未出现任何错误，则单击"确定"按钮，如图 2-117 和图 2-118 所示。

2. 仿真运行

按下使能键"Enable"，电机开启，单击"PP 移至 Main"，如图 2-119 所示，指针移至 Main 程序，调试程序，按下步进运行按键，即单步运行程序。

程序仿真调试

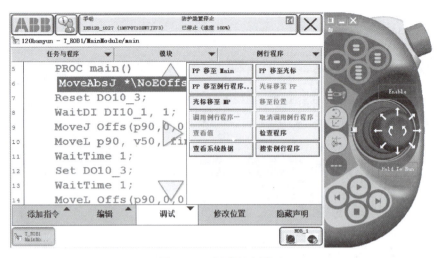

图 2-117　调试程序界面

图 2-118　检查程序

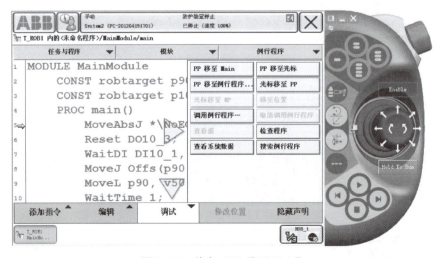

图 2-119　单击"PP 移至 Main"

在示教器或虚拟示教器中,当没有连接气泵时,可以将"DI10_1"信号设为 1,单击"是",如图 2-120 所示,即工件已到达传送带末端,可以搬运工件。

图 2-120　虚拟"DI10_1"信号

五、实际运行

打开实训台电源,按下机器人启动按钮,切换至"手动"模式,打开气泵,调试程序,手动运行程序,如符合搬运机器人的控制要求,即可切换至"自动"运行模式。

【知识拓展】

AGV 搬运机器人

一、认识 AGV

自动导向车(Automated Guided Vehicle,AGV)最常见的应用为 AGV 搬运机器人,其主要应用在自动物流搬运。AGV 搬运机器人是通过特殊地标导航自动将物品运输至指定地点。

二、引导方式

最常见的引导方式为磁条引导和激光引导,目前最先进、扩展性最强的是由米克力美科技有限公司开发的超高频 RFID 引导。

磁条引导:也就是我们最常见的磁条导航,通过在地面粘贴磁性胶带,使 AGV 自动导向车经过时,车底部的电磁传感器感应到地面磁条地标,从而实现自动行驶运输货物,站点定义依靠磁条极性的不同排列组合设置。

激光引导:通过激光扫描器识别设置在其活动范围内的若干个定位标志来确定其坐标位置,从而引导 AGV 运行。

RFID 引导:通过 RFID 标签和读取装备自动检测坐标位置,实现 AGV 小车自动运行,站点定义通过芯片标签任意定义，即使最复杂的站点设置也能轻松完成。

磁条引导是常用的也是成本最低的方式，但是站点设置有一定的局限性并对场地装修风格有一定影响；激光引导成本最高对场地要求也比较高，所以一般不采用；RFID 引导成本适中，其优点是引导精度高，站点设置更方便，可满足更复杂的站点布局，对场所整体装修环境无影响，其次 RFID 引导的高安全性、稳定性也是磁条引导和激光引导方式不具备的。

三、应用范围

1）制造业：市面上的 AGV 搬运机器人主要还集中应用在制造业物料搬运上，AGV 在制造业应用中可高效、准确、灵活地完成物料的搬运任务。并且多台 AGV 可组成柔性的物流搬运系统，搬运路线可以随着生产工艺流程的调整而及时调整，使一条生产线上能够制造出十几种产品，大大提高了生产的柔性和企业的竞争力。AGV 作为基础搬运工具，其应用深入到机械加工、家电生产、微电子制造、卷烟等多个行业，生产加工领域成为 AGV 应用最广泛的领域。

2）特种行业：在军事上以 AGV 的自动驾驶为基础集成其他探测和拆卸设备，可用于战场排雷和阵地侦察。在钢铁厂，AGV 用于炉料运送，减轻了工人的劳动强度。在核电站和利用核辐射进行保鲜储存的场所，AGV 用于物品的运送，避免了危险的辐射。在胶卷和胶片仓库，AGV 可以在黑暗的环境中，准确可靠地运送物料和半成品。米克力美科技有限公司开发的 AGV 搬运机器人已经投入兵器维护和矿山实际应用中。

3）餐饮服务业：未来在服务业 AGV 小车也有望大展身手，如餐厅传菜、上菜、端茶、递水等基础劳动都可由 AGV 搬运机器人来实现。

4）食品医药业：对于搬运作业有清洁、安全、无排放污染等特殊要求的医药、食品、化工等行业中，AGV 的应用也受到重视。在国内的许多卷烟企业，如青岛颐中集团、玉溪红塔集团、红云红河集团、淮阴卷烟厂，应用激光引导式 AGV 完成托盘货物的搬运工作。

AGV 作为一种成熟的技术和产品在发达国家已经广泛应用，对企业提高生产效率、降低成本、提高产品质量、提高企业的生产管理水平起到了显著的作用。随着工业自动化的发展，国内的应用和需求越来越强烈，市场在逐步扩大，经济效益十分可观。

【任务小结】

本任务详细阐述了搬运类机器人的分类、特点和组成，以及搬运机器人常用末端执行器的结构，ABB 工业机器人的基本指令及用法，以图片按操作步骤详细讲述了 I/O 配置方法，最后通过一个简单的搬运实例，使初学者掌握 ABB 工业机器人简单的示教编程方法。

任务二　数控上下料机器人的典型应用编程

【任务目标】

一、知识目标

（1）了解数控上下料机器人的行业应用。

（2）掌握数控上下料机器人的系统组成及其功能。
（3）熟悉数控上下料机器人作业示教的基本流程。

二、能力目标

（1）学会轨迹路线示教编程及操作技能。
（2）学会 TCP 标定及工业机器人基本操作。
（3）学会模拟上下料示教编程及操作技能。

三、素质目标

（1）培养敬业精神和职业道德。
（2）培养较强的集体意识和团队合作精神。

【知识准备】

使用工业机器人进行码垛、上下料是一种成熟的机械加工辅助手段，工业机器人在数控车床、冲床上下料环节中具有工件自动装卸的功能，主要适应于在大批量、重复性强或者工作环境具有高温、粉尘等恶劣条件情况下使用。在发达国家中，工业机器人自动化生产线成套设备已成为自动化装备的主流及未来的发展方向，应用领域包括汽车制造、钣金冲压、机械加工、注塑、电子元器件组装等几乎所有应用自动化生产线的行业，工业机器人具有如下特点：

1）能实现自动运行，具有安全、多角度全方位 24h 运行的特点，从而节省人力。
2）定位精确、速度快、生产稳定。
3）运行平稳可靠。
4）能满足快速、大批量的工作节拍要求。

一、数控上下料机器人简介

数控上下料机器人是在数控机床上下料环节取代人工完成工件自动装卸功能的工业机器人。数控上下料机器人能代替人类完成危险、重复、枯燥的工作，减轻人类劳动强度，提高劳动生产力。数控上下料机器人应用越来越广泛，在机械行业中它可用于零部件组装，加工工件的搬运、装卸，特别是在自动化数控机床、组合机床上使用更普遍。数控上下料机器人示意图如图 2-121 所示。

数控上下料机器人具有速度快、柔性高、效能高、精度高、无污染等优点，主要适应于大批量重复性或者是工件质量较大，以及工作环境恶劣条件等应用场所。在新兴工业化时代，数控上下料机器人能够满足快速、大批量加工节拍的生产要求，能够节省人力资源成本，大大提高工厂的生产效率。

其中在柔性制造系统方面，

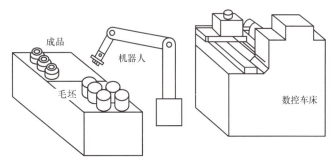

图 2-121　数控上下料机器人

数控上下料机器人（见图 2-121）是机器人技术应用的一个重要方面，随着机床的高速、高精度发展趋势，机床加工中自动上下料技术将具有更广阔的发展前景。

二、工作站的组成及功能

1. 工作站概述

数控上下料机器人工作站由工业机器人、实训台及物料块等组成，如图 2-122 所示。

图 2-122　数控上下料机器人工作站

2. 组成及功能

（1）ABB 机器人

ABB 是全球领先的工业机器人供应商，它提供机器人产品、模块化制造单元及服务，在世界范围内安装了超过 20 万台机器人。

本任务的工作站采用型号为 ABB IRB120 的六自由度工业机器人（简称 IRB120），与其配套的机器人控制柜型号为 IRC5。IRB120 机器人是迄今最小的多用途机器人，已经获得 IPA 机构"ISO5 级洁净室（100 级）"的达标认证，能够在严苛的洁净室环境中充分发挥优势。IRB120 机器人本体的安装角度不受任何限制；机身表面光洁，便于清洗；空气管线与用户信号线缆从底脚至手腕全部嵌入机身内部，易与机器人集成。由于其出色的便携性和集成性，使 IRB120 机器人成为同类产品中的佼佼者。

IRB120 机器人包括机械系统、控制系统和驱动系统三大重要组成部分。其中，机械系统为机器人本体，是机器人的支撑基础和执行机构，包括基座、臂部、腕部；控制系统是机器人的大脑，是决定机器人功能和性能的主要因素，主要功能是根据作业指令程序预计从传感器返回的信号，从而控制机器人在工作空间的位置运动、姿态和轨迹规划、操作顺序及动作时间等；驱动系统是指驱动机械系统动作的驱动装置。IRB120 机器人本体和 IRC5 紧凑型控制柜分别如图 2-123 和图 2-124 所示。

本工作站机器人控制柜配置的通信 I/O 模块型号为 DSQC652。通信 I/O 模块连接的外部设备包括夹爪和吸盘。数字 I/O 信号定义如表 2-7 所示。

图 2-123 IRB120 机器人

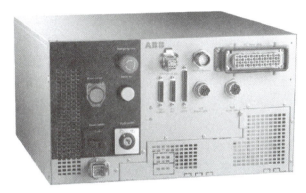

图 2-124 IRC5 紧凑型控制柜

表 2-7 数字 I/O 信号定义表

输出信号	功能
do1	值为 1 时夹爪夹紧，值为 0 时松开
do2	值为 1 时吸盘吸取，值为 0 时松开

（2）实训台

1）气压控制单元。气压控制单元由滑动开关、空气过滤元件和调压阀组成。当滑动开关滑到右侧时，气路打开，滑到左侧气路关闭；调压阀调整气压操作时需要先将旋钮向上拔起，然后顺时针旋转旋钮降低气压，逆时针旋转旋钮升高气压。若旋钮未拔起，旋转旋钮不能调节气压大小。

2）轨迹路线模块。轨迹路线模块如图 2-125 所示。

轨迹路线模块包含：一个 TCP 对位点；不同几何形状的孔，可用于编辑、调试不同的轨迹程序；3 个物料块堆放点，可作为熟练机器人操作和编程的初步练习。

3）并式送料模块和传送带模块。并式送料模块和传送带模块分别如图 2-126 和图 2-127 所示。

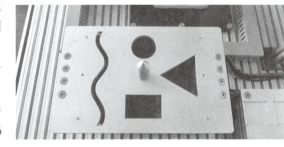

图 2-125 轨迹路线模块

并式送料模块和传送带模块工作原理是：当并式送料架中堆放物料块时，在推料气缸的配合控制和物料重力作用下，物料块逐个单向被输送至传送带起始位置，然后被输送到传送带末端，当传送带末端的传感器识别到物料块时，传送带停止输送，等待物料块被机器人搬走；当物料块被搬走后，推料气缸继续输送下一个物料块。在每个并式送料架底部均设置一个用于识别物料块的传感器，只有在传送带上的物料被取走，并且送料架内还有物料块的情况下，气缸才会工作，目的在于避免气缸空驶。

4）码垛模块。码垛模块由两个码垛盘构成，机器人可通过编程将物料块以多种形式堆放，如图 2-128 所示。

5）模拟冲压模块。模拟冲压模块由一个长程气缸推动的模拟模具（包含一台下料气缸）和模拟冲压机构（包含一个并式送料架和一台冲压气缸）组成，如图2-129所示。

模拟冲压模块工作原理是：当模拟冲压模块起动后，长程气缸推动模拟模具向模拟冲压机构移动，直到模拟模具与模拟冲压机构贴紧后，冲压气缸才起动工作，将一个物料块送入模拟模具内，从而实现模拟的冲压过程；在冲压结束后由一台下料气缸将物料块推出，等待机器人将物料块取走。

6）工件识别模块。工件识别模块如图2-130所示。模块上安装有1个欧姆龙传感器，机器人夹取后通过传感器检测是否夹取成功。如果夹取成功，则冲压模块进行下一个工件的冲压；如果夹取失败，则冲压模块停止工作。

图2-126　并式送料模块

7）PLC控制单元。本实训台采用三菱FX3U-48MR型号的PLC控制模块。PLC的输入连接传感器和按钮，输出连接继电器，通过继电器控制气缸的动作。PLC控制单元如图2-131所示。

图2-127　传送带模块

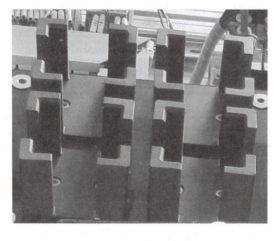

图2-128　码垛模块

图2-129　模拟冲压模块

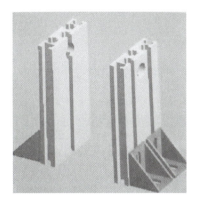

图 2-130　工件识别模块

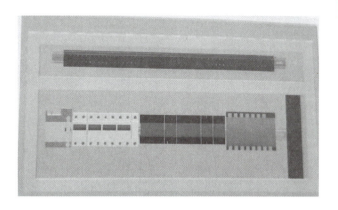

图 2-131　PLC 控制单元

8）多功能夹具。本工作站配置有三种夹具：吸盘、夹手、尖锥，分别对应模式 A、模式 B、模式 C 的操作。三种夹具的外形如图 2-132 所示。

【任务实施】

一、TCP 标定

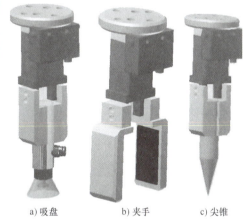

TCP 标定

通过 TCP 标定操作，使机器人记录工具 TCP 点相对于机器人第六轴法兰盘的坐标数据（即 tool0 的偏移量），然后在重定位模式运动时，操控机器人围绕该 TCP 点做姿态调整运动。

1. 安装夹具

用夹爪夹住尖锥，保证夹紧不松动。

2. 新建工具坐标系

1）在机器人示教器的触摸屏内单击 "ABB"，然后单击 "手动操纵" 进入下一步，如图 2-133 所示。

a) 吸盘　　b) 夹手　　c) 尖锥

图 2-132　多功能夹具

图 2-133　手动操纵

2）单击"工具坐标"进入工具坐标设定窗口，如图 2-134 所示。

3）单击"新建…"创建新的工具坐标名称，如图 2-135 所示。

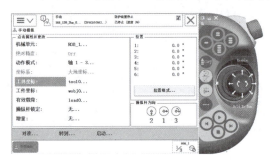

图 2-134　工具坐标　　　　　　　　图 2-135　创建新的工具坐标

4）工具数据属性设定不做修改，如图 2-136 所示，单击"确定"完成工具数据名称的创建。

3. TCP 点标定

1）单击新建的"tool1"，再单击"编辑"，然后单击"定义"，如图 2-137 所示，然后进入下一步。

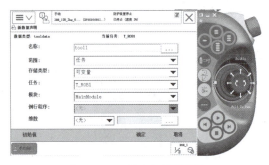 

图 2-136　工具坐标属性设定　　　　　图 2-137　定义工具坐标

2）选择"TCP 和 Z，X"，本例采用 6 点法设定 TCP，如图 2-138 所示。其中"TCP（默认方向）"为 4 点法设定 TCP，"TCP 和 Z"为 5 点法设定 TCP。

3）按下示教器使能按钮，操控机器人以任意姿态使工具参考点（即尖锥尖端）靠近并接触轨迹路线模块上的 TCP 参考点，然后把当前位置作为第一点。如图 2-139 所示，单击"点1"，然后单击"修改位置"保存当前位置。

图 2-138　6 点法设定 TCP　　　　　　图 2-139　示教点 1

4）操控机器人变换另一个姿态，使工具参考点靠近并接触轨迹路线模块上的 TCP 参考点，然后把当前位置作为第二点（注意：机器人姿态变化越大，越有利于 TCP 点的标定）。如图 2-140 所示，单击"点 2"，然后单击"修改位置"保存当前位置。

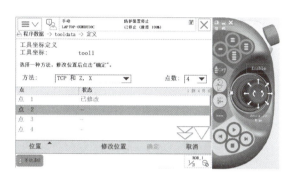

图 2-140　示教点 2

5）操控机器人变换另一个姿态，使工具参考点靠近并接触轨迹路线模块上的 TCP 参考点，把当前位置作为第三点（注意：机器人姿态变化越大，越有利于 TCP 点的标定）。如图 2-141 所示，单击"点 3"，然后单击"修改位置"保存当前位置。

6）操控机器人使工具参考点接触并垂直于固定参考点，把当前位置作为第四点（注意：前三个点姿态为任取，第四点只能为垂直姿态）。如图 2-142 所示，单击"点 4"，然后单击"修改位置"保存当前位置。

图 2-141　示教点 3

图 2-142　示教点 4

7）以点 4 为固定点，在线性模式下，操控机器人向前移动一定距离，作为+X 方向，单击"延伸器点 X"，然后单击"修改位置"保存当前位置，如图 2-143 所示。使用 4 点法、5 点法设定 TCP 时不用设定此点。

8）以点 4 为固定点，在线性模式下，操控机器人向上移动一定距离，作为+Z 方向，单击"延伸器点 Z"，然后单击"修改位置"保存当前位置，如图 2-144 所示。

9）如图 2-145 所示，单击"确定"完成 TCP 点定义。

10）如图 2-146 所示，机器人自动计算 TCP 的标定误差，当平均误差在 0.5mm 以内时，才可以单击"确定"进入下一步，否则需要重新标定 TCP。

图 2-143　示教点 X

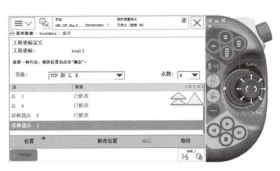

图 2-144　示教点 Z

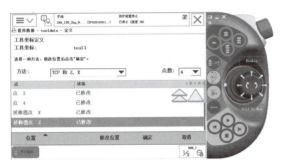

图 2-145　完成 TCP 点定义

图 2-146　自动计算 TCP 的标定误差

11）如图 2-147 所示，单击"tool1"，接着单击"编辑"，然后"更改值..."进入下一步。

12）如图 2-148 所示，向下翻页找到名称"mass"，其含义为对应工具的质量，单位为 kg，本例中将"mass"的值更改为"0.2"。

图 2-147　设定工具坐标

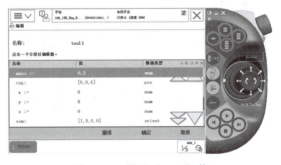

图 2-148　设置"mass"值

13）如图 2-149 所示，x、y、z 数值是工具重心基于 tool0 的偏移量，单位为 mm，在本例中，将 z 的值更改为"38"，然后单击"确定"返回。

14）如图 2-150 所示，单击"确定"完成 TCP 标定，并返回手动操作界面。

4. 测试工具坐标系准确性

1）如图 2-151 所示，打开手动操作界面，然后单击"动作模式"进入下一步。

2）如图 2-152 所示，在动作模式中选择"重定位"，然后单击"确定"返回。

3）如图 2-153 所示，单击"坐标系"进入坐标系选择窗口。

图 2-149　设置 x、y、z 值

图 2-150　完成 TCP 标定

图 2-151　设置动作模式

图 2-152　选择重定位

4）如图 2-154 所示，在坐标系选项中单击"工具"，然后单击"确定"返回。

图 2-153　选择坐标系

图 2-154　选择工具

5）按下使能按钮，拨动机器人手动操作摇杆，检测机器人是否围绕 TCP 点运动。

二、轨迹路线示教编程

通过示教法编辑简单几何轨迹路线的程序，从而熟悉并掌握示教编程的步骤和方法。

1. 新建程序

1）在机器人示教器上单击"ABB"，如图 2-155 所示，然后单击"程序编辑器"，进入下一步。

2）若机器人尚未创建过程序，则会弹出如图 2-156 所示窗口，单击"新建"进入

图 2-155　选择程序编辑器

程序编辑器窗口。

2. 设定机器人初始姿态

1）在程序编辑器窗口中，单击"添加指令"，然后单击"MoveAbsJ"，如图2-157所示。"MoveAbsJ"是机器人绝对位置运动指令，目标位置数据是指机器人6个轴和外轴的角度值定义的绝对位置。

图2-156　新建程序　　　　　　　　　图2-157　添加"MoveAbsJ"指令

2）双击"MoveAbsJ"指令行中的"＊"，如图2-158所示，单击下方"表达式…"，弹出变量修改窗口。

3）如图2-159所示，单击"编辑"，然后单击"仅限选定内容"。

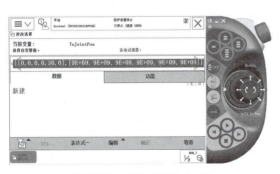

图2-158　单击"表达式…"　　　　　　图2-159　选中"仅限选定内容"

4）如图2-160所示，将该组数值中第一个中括号内的数值改为"[0，0，0，0，90，0]"，其他数值不修改，然后单击"确定"返回。

5）"MoveAbsJ"指令参数修改完成后，程序如图2-161所示。

图2-160　修改参数　　　　　　　　　图2-161　完成"MoveAbsJ"指令参数修改

3. 矩形轨迹编程

如图 2-162 所示，矩形轨迹示教点依次为 p10、p20、p30、p40。

矩形轨迹示教编程操作步骤如下：

1）单击"添加指令"，然后单击"MoveJ"指令，弹出如图 2-163 所示对话框，单击"下方"插入指令。程序中添加"MoveJ"指令后如图 2-164 所示。"MoveJ"是机器人关节运动指令，关节运动的路径精度不高，机器人在关节运动中各轴的姿态都可以变化，轨迹不一定是直线。

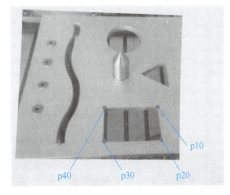

图 2-162 矩形轨迹示教点

图 2-163 插入指令

图 2-164 添加"MoveJ"指令

2）如图 2-165 所示，双击"MoveJ"指令行内的"*"进入变量修改窗口。

3）如图 2-166 所示，在变量修改窗口中单击"新建"进入下一步。

图 2-165 双击"MoveJ"的"*"参数

图 2-166 选择新建变量

4）如图 2-167 所示，"p10"变量数据不做修改，单击"确定"进入下一步。

5）单击"MoveJ"指令中的"v1000"参数，再在数据列表中单击"v500"，然后单击"MoveJ"指令中的"z50"，再在数据列表中单击"fine"，之后单击"确定"返回，如图 2-168 所示。"MoveJ"指令中的"p10"是目标点的位置数据；"v1000"和"v500"是运动速度数据，指运动速度为 1000 和 500，单位为 mm/s；"z50"和"fine"是转弯区数据，"z50"指最小转弯半径为 50，单位为 mm，"fine"是指 TCP 到达目标点后减速至零，机器人会停顿一下再向下运动。

6）参考"MoveJ"指令的添加方法，一次在程序中添加六行"MoveL"指令，如图 2-169

所示。"MoveL"是机器人线性运动指令，该指令轨迹起点至终点的路径始终为直线，转弯区半径设置为"fine"，精确到位。

图 2-167　新建 p10 变量

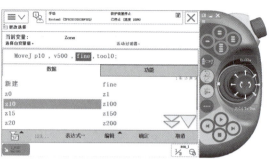

图 2-168　修改 MoveJ 的其他参数

7）在程序编辑器窗口中，单击第 12 行中的"p20"，将"p20"替换为"p10"，然后单击"确定"返回，如图 2-170 所示。

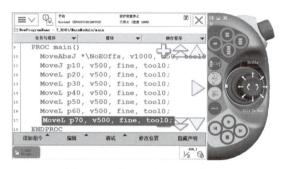

图 2-169　插入六行 MoveL 指令

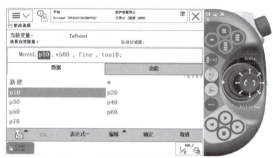

图 2-170　修改 MoveL 示教点（一）

8）按上述修改方法，依次将"p30"改为"p20"、"p40"改为"p30"、"p50"改为"p40"、"p60"改为"p10"，修改完成后如图 2-171 所示。

9）双击图 2-171 中第 11 行指令中的"p10"，然后在弹出的窗口中选择"功能"选项，单击"Offs"，如图 2-172 所示，然后单击"确定"进入下一步。

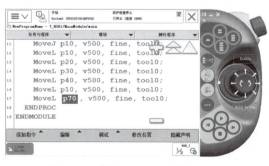

图 2-171　修改 MoveL 示教点（二）

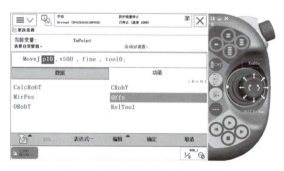

图 2-172　选择"Offs"偏移量

10）在上一步弹出的窗口中，依次将四个"<EXP>"参数修改为"p10""0""0""200"，如图 2-173 所示。当需要修改参数时，单击"编辑"，然后单击"仅限选定内容"即可完成修改。参数修改完成后单击"确定"返回程序窗口，如图 2-174 所示。其中，Offs

为坐标偏移功能，Offs（p10，0，0，200）指此目标点相对于 p10 点，x、y、z 三个坐标分别偏移 0、0、200。

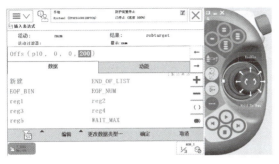

图 2-173　修改偏移量参数

图 2-174　确定偏移量参数

11）按上述步骤同样的方法，将第 17 行指令中的参数"p70"修改为"Offs（p20，0，0，200）"，如图 2-175 所示。

12）使用示教器操控机器人，使尖锥的尖端接触轨迹路线模块内矩形孔的一个顶点 p10，单击"p10"，然后单击"修改位置"保存当前位置，如图 2-176 所示，在弹出的对话框中单击"修改"确认修改位置，如图 2-177 所示。

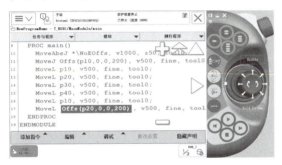

图 2-175　修改偏移量参数

图 2-176　示教 p10 点

13）使用示教器操控机器人，使尖锥的尖端沿着顺时针方向接触矩形孔的下一个顶点 p20，按照上一步骤的方法单击"p20"，然后再单击"修改位置"保存当前位置，如图 2-178 所示。

图 2-177　保存 p10 点位置

图 2-178　示教 p20 点

14）使用示教器操控机器人，使尖锥的尖端接触下一个顶点 p30，单击"p30"，然后单击"修改位置"保存当前位置，如图 2-179 所示。

15）使用示教器操控机器人，使尖锥的尖端接触最后一个顶点 p40，单击"p40"，然后单击"修改位置"保存当前位置，如图 2-180 所示。

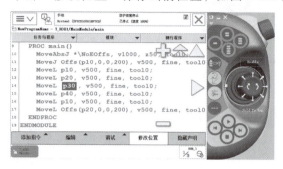

图 2-179　示教 p30 点

图 2-180　示教 p40 点

4. 三角形轨迹编程

三角形轨迹示教点依次为 p50、p60、p70。

三角形轨迹示教编程操作步骤如下：

1）按矩形轨迹示教编程方法，在矩形轨迹编程指令后，依次添加一行"MoveJ"指令和五行"MoveL"指令，如图 2-181 所示。

2）按照矩形轨迹示教编程方法，依次将指令中的"﹡"更改为"Offs（p50，0，0，200）""p50""p60""p70""p50""Offs（p50，0，0，200）"。修改过程中，如果数据变量没有"p50""p60""p70"，则需要创建这三个变量。变量修改完成后程序如图 2-182 所示。

图 2-181　添加指令

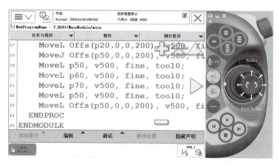

图 2-182　设置各指令参数

3）按矩形轨迹示教编程方法，使用示教器操控机器人使尖锥的尖端依次接触三角形轨迹所示的位置点，同时保存接触这三个点的位置。

5. 曲线轨迹编程

如图 2-183 所示，曲线轨迹示教点依次为 p80、p90、p100、p110、p120、p130、p140、p150、p160。

曲线轨迹示教编程操作步骤如下：

1）按矩形轨迹示教编程方法，在三角形轨迹编程指令后，依次添加一行"MoveJ"指令和一行"MoveL"指令，如图 2-184 所示。

2）按矩形轨迹示教编程方法，依次将"MoveL"指令中的"﹡"改为"p80"，"MoveJ"指令中的"﹡"改为"Offs（P80，0，0，200）"，如图 2-185 所示。

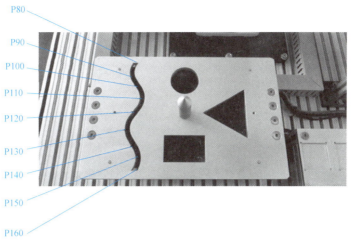

图 2-183 曲线轨迹示教点

图 2-184 添加运动指令

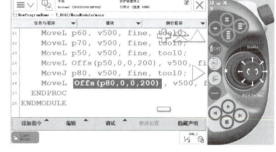

图 2-185 修改"MoveL"和"MoveJ"指令参数

3）在程序下方依次添加四行"MoveC"指令，如图 2-186 所示。"MoveC"指令是机器人圆弧运动指令，需要定义三个位置点，其中第一点为起点（即上一条指令的目标点），第二点定义圆弧的曲率，第三点为圆弧的终点，该指令所能完成的圆弧的圆心角最大为 270°。

4）如图 2-187 所示，在程序下方添加一行"MoveL"指令。

图 2-186 添加"MoveC"指令

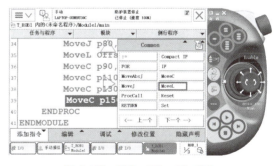

图 2-187 添加"MoveL"指令

5）如图 2-188 所示，将新添加的"MoveL"指令中的"p170"修改为"Offs（p160，0，0，200）"。

6）按矩形轨迹示教编程方法，使用示教器操控机器人使尖锥的尖端依次接触曲线轨迹所示各个位置点，同时保存接触这些点的位置。

6. 测试程序

1）轨迹路线示教编程完成后，单击"调试"，如图 2-189 所示，然后单击"PP 移至 main"。程序编辑器的第一行指令会出现箭头标志，表示机器人准备执行第一行指令。

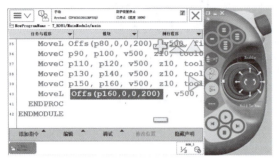

图 2-188　修改 MoveL 指令参数

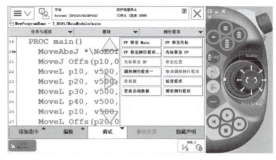

图 2-189　调试

2）按下示教器使能按钮，然后按下单步运行按钮，机器人立即执行箭头所指行指令。通过示教器逐行检查机器人是否按照预定轨迹移动，若轨迹移动不正确，则将机器人移动至正确位置后，单击需要修改的位置点，然后单击"修改位置"保存正确的位置数值（注意：当轨迹出现偏差时，应立即松开使能按钮，避免各设备发生碰撞）。

3）上述检查完成后，单击"调试"，然后单击"PP 移至 main"，接着将机器人切换至自动模式，按下电机上电按钮，然后按下示教器上的连续运行按钮，观察机器人执行指令时轨迹是否出现偏差，如果轨迹没有出现偏差，则轨迹示教编程完成。

三、模拟冲压上下料示教编程

使用示教器编写机器人吸取模拟冲压完成后送出的物料块，然后携带物料块扫过工件识别模块，最后将物料块放置于轨迹路线模块方形槽中的例行程序；然后再在 main 程序中调用该例行程序，最终完成将物料块放置在 3 个方形槽中的 3 次下料操作。图 2-190 为示教点位置。

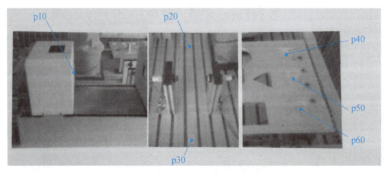

图 2-190　示教点位置

1. 准备工作

用夹爪夹住吸盘，保证夹紧不松动。

2. 新建程序

同上一节。

3. 设定机器人初始姿态

同上一节。

4. 建立上下料例行程序

在示教器中新建"xialiao1"例行程序。

5. 编辑上下料程序

1)在示教器程序编辑窗口中,单击"例行程序"进入"xialiao1"例行程序编辑器窗口,如图 2-191 所示。

2)如图 2-192 所示,分别在"MoveL p10…"指令和"MoveL p40…"指令下方添加一行"WaitTime"指令,时间数据设定为 1s。

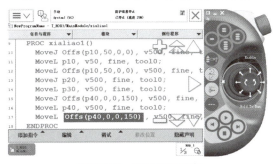 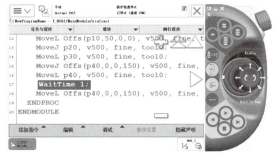

图 2-191 编写例行程序　　　　　　图 2-192 添加"WaitTime"指令

3)在第一个"WaitTime"指令后添加一行"Set"指令,将数字输出"DO10_2"置为"1",添加完成后如图 2-193 所示。

4)在第二个"WaitTime"指令后添加一行"Reset"指令,将数字输出"DO10_2"置为"0",添加完成后如图 2-194 所示。

图 2-193 添加"Set"指令　　　　　　图 2-194 添加"Reset"指令

5)将"xialiao1"例行程序复制两遍,并分别命名为"xialiao2"和"xialiao3",如图 2-195 所示。

6)将"xialiao2"例行程序中的"p40"全修改为"p50",修改完成后如图 2-196 所示。

7)将"xialiao3"例行程序中的"p40"全修改为"p60",修改完成后如图 2-197 所示。

图 2-195 复制例行程序

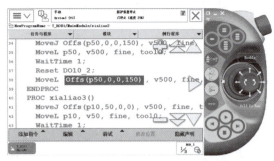
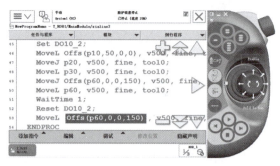

图 2-196　修改"xialiao2"例行程序　　　　图 2-197　修改"xialiao3"例行程序

8）在主程序中依次调用"xialiao1""xialiao2""xialiao3"例行程序，如图 2-198 所示。

9）按照模拟冲压上下料的轨迹路线，使用示教器操控机器人示教图 2-190 所示示教点。

6. 测试程序

1）模拟冲压上下料的示教程序编辑完成后，单击"调试"，如图 2-199 所示，然后单击"PP 移至 main"，此时程序的第一行指令出现箭头标志，表示机器人准备执行第一行指令。

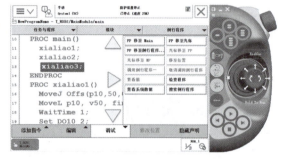

图 2-198　调用例行程序　　　　　　　　　图 2-199　调试

2）按下示教器使能按钮，然后按下单步运行按钮，机器人立即执行箭头所指行指令，通过示教器逐行检查机器人是否按照预定轨迹移动。若轨迹移动不正确，则将机器人移动至正确位置后，单击需要修改的位置点，然后单击"修改位置"保存正确的位置数值（注意：当轨迹出现偏移时，应立即松开使能按钮，避免各设备发生碰撞）。

3）上述检测完成后，单击"调试"，然后单击"PP 移至 main"，之后将机器人切换至自动模式。

4）按下电机上电按钮，然后按下示教器上的连续运行按钮，观察机器人执行指令时轨迹是否出现偏差，如果轨迹没有偏差，则轨迹示教编程完成。

【知识拓展】

机器人在数控机床上下料生产线中的应用

一、典型机器人数控机床上下料生产线的组成

典型的机器人+数控机床上下料生产线主要由以下几部分组成：

1）数控机床：作为生产线的加工主体，承担加工工作，机床应具备自动化的夹具、自

动防护门、信号确认传感器等与自动化相关的功能，并且机床的数控系统具备与工业机器人（或总控系统）信号交互通信的功能。

2）工业机器人及控制器：作为自动化搬运（上下料）的主体，承担物料在生产线内的转移工作，工业机器人是机器人+数控机床上下料生产线的核心部件之一。机器人控制器作为工业机器人的大脑，承担控制机器人精确稳定运行的工作，具备对生产线的控制功能，对于动作不是特别复杂的单元进行总控制（如128点的I/O信号），通过与机床的数控系统信号的交互，控制机床自动门开闭、夹具夹持/松开和相关工作；通过与物料仓储单元的PLC之间的信号交互，控制物料仓储单元的供料与仓储等。

3）末端执行器：即机器人前端的抓手、吸盘等用来直接拾取工作的执行机构，常用的有气动抓手、电动抓手、吸盘等，特殊的有电磁夹具、伺服夹具等。

4）系统控制器：即总控制平台，通过PROFIBUS等通信协议控制整个生产线的自动化运行。以通信电缆相连，实现工业机器人、数控机床、系统控制器、周边设备之间的信号交互通信，完成生产线的自动化控制。

5）周边设备：如上下料仓储单元、检测单元、清洗单元、烘干单元等，作为生产线基本功能之外的拓展功能使用，根据被加工工件的生产工艺流程来配置，实现尽可能多的自动化功能，但同时，随着自动化功能部件的增多，生产线的故障点可能会增加。

二、典型的机器人数控机床布局

1. 机器人制造岛

1台机器人对应1~3台数控机床，是机器人在地面固定的布局，行业内应用最为广泛，优点是施工、维护方便，成本低；缺点是机器人一般在机床正面布置，占用机床操作位置空间，影响人工对机床的维护保养，夹具、刀具的更换等工作，并且机器人服务设备数量受到机器人自身动作范围的限制。

2. 地面轨道行走机器人系统

1台机器人对应多台数控机床，数控机床呈一字型在机器人轨道的一侧或两侧摆放，拓展机器人动作范围，单台机器人可以服务多台机床，应用较多。

3. 桁架轨道行走机器人加工系统

与前述第2种布局类似，也是将机器人安装在行走轨道上，区别是桁架式是将机器人安装在空中桁架轨道上。相对于地面式，这种布局节约地面空间，不占用机床操作位置空间，对机床的维护、换刀等操作非常方便；但缺点是相对于地面式，施工比较复杂，对地基要求严格，并且自身维修保养不是很方便。

4. 机器人与机器人一体化

这种布局中机器人只服务于一台机床，因此，当生产线中数控机床数量增加时，成本较高；但优点是机器人系统结构、动作、抓手均很简单，故障点少，系统可靠性高。

5. 综合性生产系统

即数字化车间，借助MES \ CAPPS \ ERP等信息化管理系统，辅以物流及传感技术，实现全生产过程监控、在线故障实时反馈、加工工艺数据管理、刀具信息管理、设备维护数据管理、产品信息记录等功能；满足无人化生产需求，实现加工系统的生产计划、作业协调与优化运行。

机器人数控机床上下料生产线，是工业机器人驱动与控制技术、PLC 通信技术、数控技术、信息化与传感器技术等的综合应用，在上下料时，降低了工人的劳动强度，大大提高了工作效率，并提高了数控机床操作的安全性。加强工业机器人与数控机床工业的融合，对于提高中国装备制造业的综合竞争力具有重大意义。

【任务小结】

本任务详细讲解了工具坐标 TCP 的标定方法、轨迹路线的示教编程方法，并通过实训台实现模拟冲压上下料。通过本任务的学习，加强学生熟练操作机器人和应用指令的能力。上下料机器人（机械手）与数控机床相结合，可以实现工件的自动抓取、上料、下料、装卡、加工等所有的工艺过程，能够极大地节约人工成本，提高生产效率。

任务三　码垛机器人的典型应用编程

【任务目标】

一、知识目标

（1）了解码垛机器人的分类及特点。
（2）掌握码垛机器人的系统组成及其功能。
（3）熟悉码垛机器人作业的基本流程。

二、能力目标

（1）能对码垛机器人的工艺要求有所了解。
（2）能够进行码垛机器人的简单作业示教，会编写简单的码垛程序。

三、素质目标

（1）培养敬业精神和职业道德。
（2）培养较强的集体意识和团队合作精神。

【知识准备】

一、码垛机器人概述

码垛是工厂里最常见的一道工序，码垛机器人因其生产效率高、动作灵活性大、占地空间小等特点，广泛应用于汽车、电子产品、金属制品、食品、饮料及烟草等行业中，并连续多年成为工业机器人的第一大应用领域。

码垛机器人主要由机械主体、伺服驱动系统、手臂机构、末端执行器（抓手）、末端执行器调节机构以及检测机构组成，按不同的物料包装、堆垛顺序、层数等要求进行参数设置，实现不同类型包装物料的码垛作业。其按功能划分为进袋、转向、排袋、编组、抓袋码垛、托盘库、托盘输送以及相应的控制系统等机构。码垛机器人示意图如图 2-200 所示。

图 2-200　码垛机器人示意图

码垛机器人按照结构划分，常见的类型有四种：直角坐标码垛机器人、全关节架构码垛机器人、平行四边形架构码垛机器人和直线水平多关节码垛机器人。这四类码垛机器人分别用于不同的码垛场合。

直角坐标码垛机器人也称龙门式码垛机器人，如图 2-201 所示，以 XYZ 直角坐标系为基本数学模型，以伺服电动机、步进电动机驱动的单轴机械臂为基本工作单元，可以到达 XYZ 三维坐标系中任意一点，并遵循可控的运动轨迹。

全关节架构码垛机器人具有四个自由度，即四个旋转关节，适用性很强，广泛应用于纸箱、塑料箱、瓶类、袋类、桶装、膜包产品及灌装产品的码垛，结构设计简单，动作平稳可靠，码垛过程完全自动，正常运转时无须人工干预，如图 2-202 所示。

图 2-201　直角坐标码垛机器人

图 2-202　全关节架构码垛机器人

二、工作站的组成及功能

同本项目任务二。

【任务实施】

使用示教器编写机器人例行程序，实现夹起传送带输送的物料块，然后放置在码垛盘上；在 main 程序中调用码垛例行程序，完成每条传送带夹取 4 次的操作，然后将物料块放置在码垛盘的不同位置。

图 2-203 所示为码垛的示教位置点。轨迹路线规则如下：机器人首先从 p10 点抓取输送

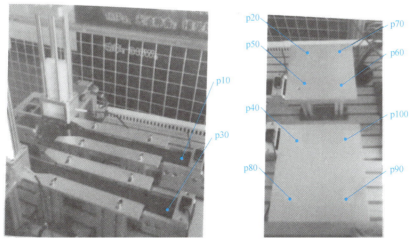
图 2-203　码垛示教位置点

带 1 的第一个物料块放置在其同侧码垛盘上的 p20 点，然后从 p30 点抓取输送带 2 的第一个物料块放置在其同侧码垛盘上的 p40 点位置，依照上述抓取顺序，机器人最终完成将输送带 1 的其余 3 个物料块放置在 p50、p60、p70 点，将输送带 2 的其余 3 个物料块放置在 p80、p90、p100 点。

一、准备工作

取下夹爪上已经夹持的尖锥或吸盘。

二、新建程序

同上一节。

三、设定机器人初始姿态

同上一节。

四、建立码垛例行程序

1）如图 2-204 所示，单击"例行程序"进入例行程序编辑器窗口。

2）如图 2-205 所示，单击例行程序窗口的"文件"，然后单击"新建例行程序..."。

图 2-204　单击"例行程序"

图 2-205　新建例行程序

3）如图 2-206 所示，在例行程序创建声明内，将例行程序名称更改为"maduoA1"，其他不做修改，然后单击"确定"返回。

4）如图 2-207 所示，单击"maduoA1( )"例行程序，然后单击"显示例行程序"，此时例行程序创建完成。

图 2-206　编辑例行程序

图 2-207　创建完成

五、编辑码垛程序

1）在"maduoA1"例行程序中,依次添加如图 2-208 所示六行指令。

2）依次把上一步添加的六行指令中的"＊"修改为"Offs（p10，0，0，100）""p10""Offs（p10，0，0，100）""Offs（p20，0，0，200）""p20""Offs（p20，0，0，200）",程序修改完成后如图 2-209 所示。

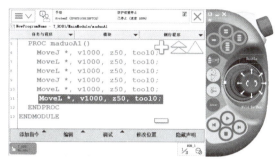

图 2-208　添加运动指令

图 2-209　修改运动指令第一个参数＊

3）如图 2-210 所示,将程序指令中的速度参数"v1000"分别修改为"v100"和"v500"。

4）在"MoveL p10..."指令下方添加一行"Set"指令。单击"添加指令",然后单击添加"Set"指令。Set 指令的功能是将指定数字输出信号置位为"1"。

5）在数据选项中单击"DO10_1",然后单击"确定"返回,添加"Set"指令后程序如图 2-211 所示。

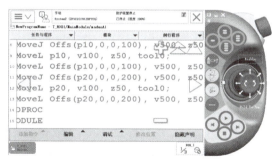

图 2-210　修改运动指令速度参数

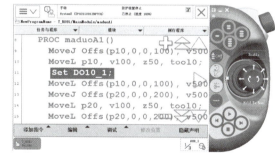

图 2-211　"Set"指令添加完成

6）如图 2-212 所示,在"MoveL p20..."指令下方添加一行"Reset"指令,添加方法同添加"Set"指令的方法。"Reset"指令功能是将数字输出信号置位为"0",添加"Reset"指令时程序会自动选择上一行"Set"指令选中的信号。

7）分别在"MoveL p10..."指令和"MoveL p20..."指令的下方添加一行"WaitTime"指令,如图 2-213 所示,单击"添加指令",然后单击添加"WaitTime"指令。

8）如图 2-214 所示,单击"123..."修改等待时间数值。

9）如图 2-215 所示,将时间数值设置为"1",然后单击"确定"返回。添加"Wait-

Time"指令后,程序如图 2-216 所示。"WaitTime"是时间等待指令,用于程序等待指定时间后再继续执行下一行指令,单位为 s。

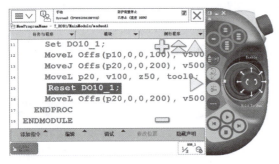

图 2-212 添加 Reset 指令

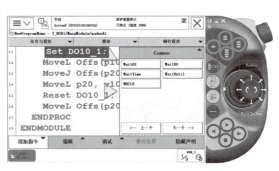

图 2-213 "Set"指令下方插入"WaitTime"指令

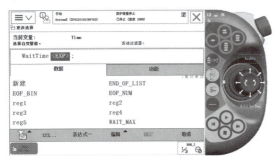

图 2-214 设置"WaitTime"指令示教参数

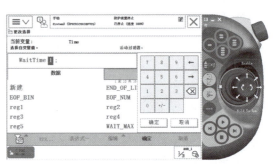

图 2-215 设置等待时间

10)单击"例行程序"进入如图 2-217 所示窗口,单击"maduoA1( )"。单击例行程序窗口的"文件",然后单击"复制例行程序..."复制"maduoA1( )"例行程序。

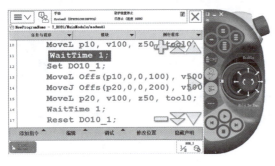

图 2-216 "WaitTime"指令设置完成

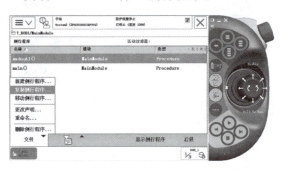

图 2-217 复制例行程序

11)如图 2-218 所示,将复制后的例行程序名称修改为"maduoB1",单击"确定"进入新例行程序编辑窗口。

12)在"maduoB1"例行程序中,分别将程序指令中的"p10"都改成"p30",将"p20"都改为"p40",修改完成后程序如图 2-219 所示。

13)按上述方法重复复制例行程序,将"maduoA1"和"maduoB1"例行程序各复制 3 次,并分别命名为"maduoA2""maduoA3""maduoA4""maduoB2""maduoB3""maduoB4",如图 2-220 所示。

图 2-218 修改例行程序名称

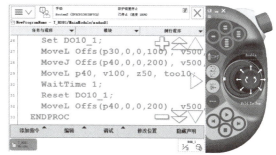

图 2-219 修改新例行程序的位置点

14）依次将"maduoA2""maduoA3""maduoA4"例行程序中的"p20"修改为"p50""p60""p70"。

15）依次将"maduoB2""maduoB3""maduoB4"例行程序中的"p40"修改为"p80""p90""p100"。

16）如图 2-221 所示，进入"main"程序编辑器窗口，单击"添加指令"，之后单击添加"ProcCall"指令来调用例行程序。

图 2-220 复制例行程序

图 2-221 main 中调用例行程序

17）如图 2-222 所示，单击"maduoA1"，然后单击"确定"添加第一个例行程序。添加例行程序后，主程序如图 2-223 所示。

18）按照上述方法，依次在主程序中调用"maduoB1""maduoA2""maduoB2""maduoA3""maduoB3""maduoA4""maduoB4"例行程序。

19）按照码垛的轨迹路线，使用示教器操控机器人示教图 2-203 所示位置点。

图 2-222 选择要调用的例行程序

图 2-223 mian 中调用例行程序

六、测试程序

1）码垛的示教程序编辑完成后,单击"调试",之后单击"PP 移至 main",此时程序的第一行指令出现箭头标志,表示机器人准备执行第一行指令,如图 2-224 所示。

2）按下示教器使能按钮,然后按下单步运行按钮,机器人立即执行箭头所指行指令。通过示教器逐行检查机器人是否按照预定轨迹移动,若轨迹移动不正确,则将机器人移动至正确位置后,修改位置点。

3）上述检查完成后,单击"调试"按钮,然后单击"PP 移至 main",接着将机器人切换至自动模式,按下电机上电按钮,然后按下示教器上的连续运行按钮,观察机器人执行指令时轨迹是否出现偏差,如果没有偏差则示教编程完成。

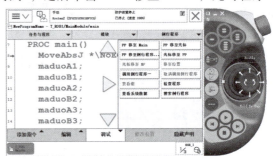

图 2-224 调试程序

【知识拓展】

并联机器人的应用

一、认识并联机器人

并联机器人,英文名为 Parallel Mechanism,简称 PM,可以定义为动平台和静平台通过至少两个独立的运动链相连接,机构具有两个或两个以上自由度,且以并联方式驱动的一种闭环机构。国内并联机器人虽比国外起步晚,但经过近几年的发展,国产并联机器人应用水平日益提高,逐渐受到企业的认可与使用。并联机器人的结构如图 2-225 所示。

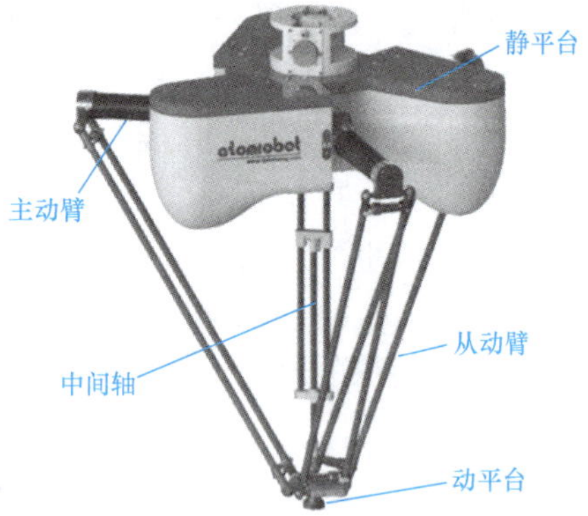

二、并联机器人的特点

1）结构紧凑,占用空间小。
2）精度高,无累计误差。
3）刚度高,承载能力大。
4）速度快,运动性能佳。
5）部件磨损小,寿命长。

图 2-225 并联机器人

三、并联机器人的应用领域

1）食品、电子、化工、包装等行业的分拣、搬运、装箱等。
2）数控加工领域的点焊机、切割机。
3）测量机,用来作为其他机构的误差补偿器。
4）生物医学工程中的细胞操作机器人,可实现细胞的注射和分割;微外科手术机器人等。

5）并联机器人还广泛应用于军事领域中潜艇、坦克的驾驶运动模拟器，下一代战斗机的矢量喷管、潜艇及空间飞行器的对接装置、姿态控制器等。

四、发展现状及前景分析

近几年，国产并联机器人产学研结合日益密切，并联机器人应用市场不再由国外完全包揽。尤其是随着 2012 年国外专利解禁，国内市场涌现出了一大批并联机器人企业，如阿童木机器人，销售市场呈现出了良好发展局面。随着增速的加快，并联机器人已成为工业机器人销售增长的新生力量！

随着我国"机器换人"的步伐，一台并联机器人可替代 3~5 名工人，其中的潜在应用市场需求巨大，并且未来将不断扩大。尤其是近年来，并联机器人延伸到教育、生活服务等更广泛的应用市场，并联机器人产业发展迅速。

【任务小结】

本任务详细讲解了码垛机器人的操作与编程，通过本任务的学习，加强学生熟练操作机器人的能力、指令应用能力和程序设计能力。程序结构需清晰，便于维护和修改。码垛机器人实现了工件的自动抓取和多层码垛，能够节约人工成本，提高生产效率。

项目测评

一、理论题

1. 工业机器人一般有四个坐标系：_____、_____、_____、_____。
2. 程序"MoveL p1 V100 fine tool0"的作用是控制机器人以_____速度采用_____移动至目标点 p1。
3. 简述搬运机器人的特点和应用场合。
4. 图 2-226 为机器人码垛任务中工件的排放位置，图中工件的长度为 300mm，宽度为 200mm，高度为 100mm，试计算各位置的坐标值。

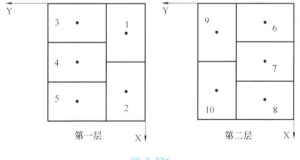

图 2-226

二、实操题

1. 编制子程序控制工业机器人在平面内画出如图 2-227 所示左侧图形，再编制一个主程序，调用这子程序，完成两个图的绘制。

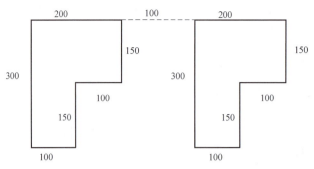

图 2-227

2. 编写程序，实现物体的三层码垛。

通过本项目的学习，学生应该对搬运类工业机器人的知识有了一定的了解；对机器人程序指令有一定熟知，可以进行简单的工业机器人 TCP 设定及示教操作，可以按照轨迹进行搬运工业机器人的手动示教，可以进行搬运机器人程序的编制、修改等操作。对工作任务的实施过程进行任务评价，通过任务评价让学生巩固和拓展职业岗位相关知识。

项目三 打磨类(去毛刺)工业机器人的应用编程

项目目标

1. 认识打磨类工业机器人。
2. 熟练掌握打磨类工业机器人的基本操作方法。
3. 学会打磨类工业机器人示教编程方法。

项目内容

任务 去毛刺工业机器人的典型应用编程

【任务目标】

一、知识目标

(1) 了解去毛刺工业机器人的分类及特点。
(2) 掌握去毛刺工业机器人的系统组成及其功能。
(3) 熟悉去毛刺工业机器人作业示教的基本流程。

二、能力目标

(1) 能对去毛刺工业机器人的工艺要求有所了解。
(2) 能够进行去毛刺工业机器人的简单作业示教。

三、素质目标

(1) 培养敬业精神和职业道德。
(2) 培养较强的集体意识和团队合作精神。

【知识准备】

一、打磨类工业机器人概述

很多铸件要人工去毛刺,不仅费时,打磨效果不好,效率低,而且操作者的手还常常受伤。去毛刺工作现场的空气污染和噪声会损害操作者的身心健康,因此,使用工业机器人替代人工完成铸件毛刺的打磨和抛光已成为趋势。图3-1为传统的打磨抛光设备。

打磨类工业机器人主要由机器人本体、计算机和相应控制系统组成,多采用5或6自由

砂带机

砂轮机

抛光机

图 3-1　传统打磨抛光设备

度关节式结构,手臂有较大的运动空间,并可做复杂的轨迹运动,且可通过手把手示教或点位示数来实现示教。打磨类工业机器人在国外早已开始使用,近年来国内也开始逐渐重视并发展。

打磨类工业机器人在许多生产领域的使用实践证明,它在提高生产自动化水平,提高劳动生产率和产品质量以及经济效益,改善工人劳动条件等方面,有着令世人瞩目的作用,引起了世界各国和社会各层人士的广泛关注。

打磨类机器人主要分为两类:工件型打磨机器人和工具型打磨机器人。

1) 工件型打磨机器人是一种通过机器人抓手夹持工件,把工件分别送达各种位置固定的打磨机床设备,分别完成磨削、抛光等不同工艺和各种工序的打磨加工的打磨机器人自动化加工系统。其中砂带打磨机器人最为典型。

工件型打磨机器人主要由工业机器人本体和砂带、毛刷、抛光等打磨机床设备组成,工件型打磨机器人系统还包括总控制电柜、抓手、力控制器等外围设备。通过系统组成,由总控制系统(总控制电柜)分别控制机器人及打磨设备,从而实现打磨工件的一次装夹,完成不同打磨工艺和工序加工,不仅使加工效率大幅提高,同时能保持工件打磨的一致性,保证加工质量。

工件型打磨机器人单元主要适用于中小零部件的自动化打磨加工,机器人自动化打磨单元还可以根据需要配置上料和下料的机器人,完成打磨的前后道工件自动化输送。图 3-2 所示为机器人夹持工件在砂带机上进行打磨抛光作业,图 3-3 所示工件型打磨机器人夹持工件的磨削抛光系统。

2) 工具型打磨机器人是机器人通过操纵末端执行器固定连接打磨工具,完成对工件打磨加工的自动化系统。

工具型打磨机器人由工业机器人本体和打磨工具系统力控制器、刀库、工件变位机

图 3-2　机器人夹持工件在砂带机上进行打磨抛光作业

等外围设备组成，由总控制柜固连机器人和外围设备，总控制柜的总系统分别调控机器人和外围设备的各个子控制系统，使打磨机器人单元按照加工需要，分别从刀库调用各种打磨工具，完成工件各部位的不同打磨工序和工艺加工。

工具型打磨机器人主要用于大型工件的打磨加工，例如大型铸件、叶片、大型工模具等，如图3-4~图3-6所示。

图3-3 工件型打磨机器人夹持工件的磨削抛光系统

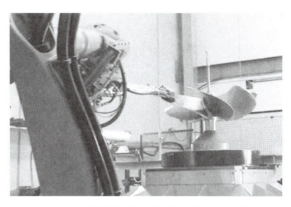

图3-4 机器人末端执行器夹持打磨工具对军舰螺旋桨叶片进行打磨抛光作业

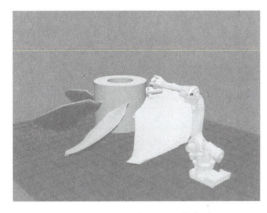

图3-5 机器人末端执行器夹持打磨工具对叶片打磨抛光的模拟图

图3-6 大型铸件飞边打磨机器人

二、工作站的组成及功能

1. 工作站概述

去毛刺机器人工作站如图3-7所示，主要设备包括示教器、机器人控制柜、机器人本体、机器人底座、径向浮动工具、轴向浮动工具、除尘器、空气压缩机、机器人法兰盘、电气控制柜、工作台、工装夹具、样件（试件）、旋转锉、护目镜及警报装置等。

图3-7 去毛刺机器人工作站

本机器人工作站可实现试件的自动去毛刺功能，在去毛刺过程中无须手动操作任何设备。该工作站安装有安全护栏，当机器人在自动模式下运行时，如果有人员打开安全护栏进入工作站内，安装的报警器将会发出警报，同时机器人会紧急停止。

2. 组成及功能

（1）ABB 机器人

本工作站采用的是型号为 ABB IRB1410 六自由度工业机器人（以下简称 IRBl410 机器人），图 3-8 所示为机器人本体和机器人控制柜，机器人的工作范围如图 3-9 所示。

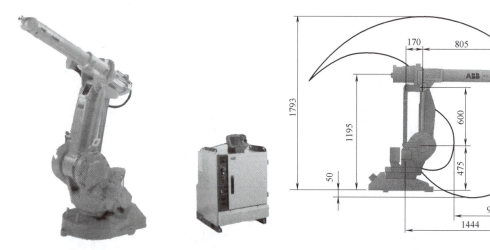

图 3-8 机器人本体和机器人控制柜　　　　图 3-9 机器人的工作范围

IRB1410 机器人的参数如表 3-1 所示。

表 3-1　IRB1410 机器人的参数

型号规格			
轴数	6	防护等级	IP54
有效载荷	5kg	安装方式	落地式
到达最大距离	1.44m	机器人底座规格	620mm×450mm
性能及运动范围			
重复定位	0.025mm		
轴序号	动作范围		最大速度
1 轴	+170°至 -170°		120°/s
2 轴	+70°至 -70°		120°/s
3 轴	+70°至 -65°		120°/s
4 轴	+150°至 -150°		280°/s
5 轴	+115°至 -115°		280°/s
6 轴	+300°至 -300°		280°/s
机器人重量	225kg		

本工作站机器人控制柜配置的通信 I/O 模块型号为 DSQC652。与 I/O 模块连接的外部设备包括径向浮动工具（主动和浮动两个方向）、气缸（数量两个）、除尘器、蜂鸣器、安

全光栅。数字 I/O 信号定义如表 3-2 所示。

表 3-2 机器人数字 I/O 信号定义表

输出信号	功　能
do1	1:径向浮动工具的主动轴转动;0:停止
do2	1:径向浮动工具的浮动方向控制打开
do3	1:除尘器开启;0:除尘器关闭
do4	1:夹具供气开关开启
do5	1:气缸夹紧工具
do6	系统模式状态,手动为0,自动为1
do7	1:安全光栅开启

（2）加工工具

1）径向浮动工具。径向浮动工具是工业机器人实现去毛刺加工的末端执行器，其主轴高速旋转运动由压缩空气提供动力，具有径向浮动功能，浮动量多达±8mm，转速最快可达40000r/min，质量为1.2kg，正常工作气压为6.2bar。径向浮动工具如图3-10所示。

2）轴向浮动工具。轴向浮动工具是工业机器人实现去毛刺加工的末端执行器，其主轴高速旋转运动由压缩空气提供动力，具有轴向浮动功能，浮动量多达±7.5mm，转速最快可达5600r/min，质量为3.3kg，正常工作气压为6.2bar。轴向浮动工具如图3-11所示。

图3-10 径向浮动工具

图3-11 轴向浮动工具

（3）电气控制柜

电气控制柜内主要包括工作站总电源开关、工业机器人电源开关、除尘器电源开关、稳压电源开关（见图3-12）、空气处理装置、气压调节装置（见图3-13）所示。空气处理装置主要功能是过滤从气泵处理后的压缩空气中的油和水；气压调节装置即为精密减压阀，用于调节气压的大小来控制径向浮动所需力的大小。本工作站空气处理装置使用时，压力调到0.7~0.8MPa，精密减压阀压力调节到0.15MPa左右。

（4）除尘器

除尘器的主要功能是用于除去机器人去毛刺过程中产生的毛刺屑，以防止毛刺飞溅到眼中。除尘器的开启、停止通过两个开关实现，其中黑色开关为闭合开关，红色开关为断开开关。除尘器实物如图3-14所示。

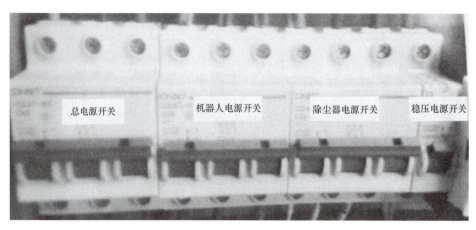

图 3-12 电源开关

(5) 静音无油空气压缩机

静音无油空气压缩机的主要功能是向径向浮动工具的高速旋转设备提供压缩空气动力。静音无油空气压缩机实物如图 3-15 所示。

(6) 工作台与夹具

工作台工作表面尺寸为 600mm×800mm，整体高 500mm，其上表面均匀分布 φ16mm 的螺纹孔。夹具是专门用于固定和夹紧样件的装置，本工作站夹具包含固定板、压紧装置及气缸等，如图 3-16 所示。

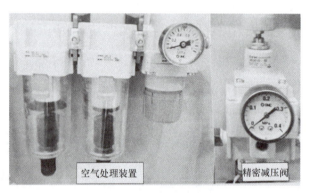

图 3-13 气压调节装置

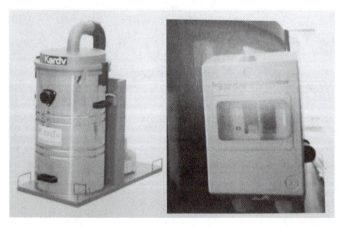

图 3-14 除尘器

图 3-15 静音无油空气压缩机

(7) 安全防护系统

去毛刺机器人工作站的安全防护系统包括安全防护栏、安全光栅、三色报警灯和报警器，如图 3-17 所示。

图 3-16　工作台与夹具

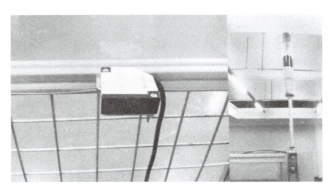

图 3-17　安全防护系统

当机器人处于手动模式时，三色报警灯的黄灯会出现闪烁，示意操作人员应注意安全；当机器人处于自动模式时，三色报警灯的绿灯会出现闪烁，示意系统运行正常；安全防护栏门上安装有安全光栅，在自动模式下当检测到有人进入工作站时，机器人会紧急停止，同时三色报警灯红灯闪烁和报警器报警，以保护操作人员的人身安全。

【任务实施】

本任务中需要去毛刺加工的样件 1（发动机缸盖）如图 3-18 所示。去毛刺加工的轨迹路线如图 3-19 所示。

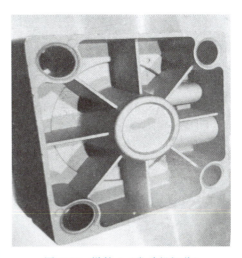

图 3-18　样件 1（发动机缸盖）

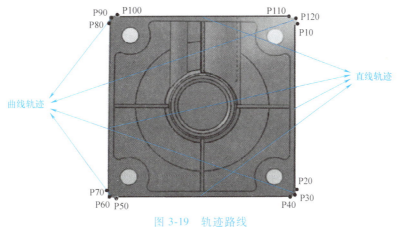

图 3-19　轨迹路线

样件 1 的去毛刺加工路径起始点为 p10，路径依次为：p20、p30、p40、p50、p60、p70、p80、p90、p100、p110、p120。

一、示教目标点

1）确认空气压缩机电源和机器人控制柜电源处于开启状态。

2）当示教器启动后，首先将机器人切换至手动模式，按照新建 RAPID 程序的操作步骤，进入主程序编辑界面，如图 3-20 所示。

3）将机器人 TCP 点通过示教器手动调节到机械原点位置，然后将机器人运动模式切换为线性运动，操纵示教器摇杆，使机器人工具靠近并接触工件的"p10"点，如图 3-21 所示。

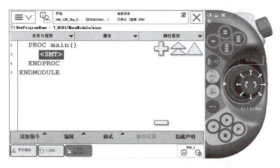 

图 3-20　主程序编辑界面　　　　　　　　图 3-21　示教"p10"点

4）如图 3-22 所示，单击"添加指令"，然后单击添加"MoveL"指令。

5）如图 3-23 所示，单击"p10"，然后再单击"修改位置"保存当前位置。

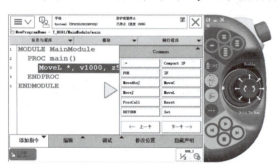 

图 3-22　添加"MoveL"指令　　　　　　　图 3-23　修改"p10"位置

6）在初始点"p10"之前，程序中需要设置一个安全位置点，一般将其设置在初始点的上方。在程序中新添加一条"MoveJ"指令，并置于上一步骤添加指令的上方，如图 3-24 所示。

7）在程序编辑窗口中，双击"MoveJ"指令中的"*"，并选择"功能"选项。如图 3-25 所示，单击"Offs"。

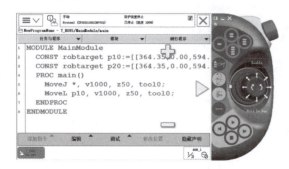 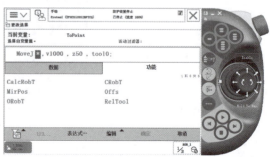

图 3-24　添加"MoveJ"指令　　　　　　　图 3-25　修改"MoveJ"指令参数

8)如图 3-26 所示,Offs 括号中有四个参数"<EXP>"。
9)单击第一个"<EXP>",然后选择"p10",如图 3-27 所示。

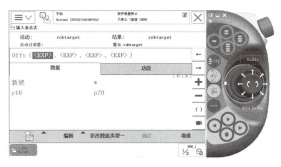

图 3-26 选择偏移"Offs"

图 3-27 修改"Offs"参数 1

10)如图 3-28 所示,选中第二个"<EXP>",单击"编辑",然后单击"仅限选定内容",进入下一步。

11)设定第二个参数值为"0",如图 3-29 所示,然后单击"确定"返回。

图 3-28 修改"Offs"参数 2

图 3-29 修改"Offs"参数 3

12)按照上述方法,依次将后两个"<EXP>"设置为"0"和"150",其中,数值 150 表示安全位置点位于初始点"p10"的正上方 150mm 的高度。参数设置完成后如图 3-30 所示。

13)在线性运动模式下,使用示教器将机器人 TCP 点移动到"p20"点,如图 3-31 所示。

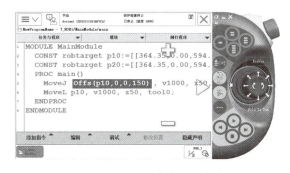

图 3-30 "Offs"参数设置完成

图 3-31 示教"p20"点

14）如图 3-32 所示，添加 "MoveL" 指令，单击 "p20"，之后单击 "修改位置"，保存当前位置。

15）在线性运动模式下，使用示教器将机器人 TCP 点移动到 "p30" 点，如图 3-33 所示。

图 3-32　保存 "p20" 位置　　　　　图 3-33　示教 "p30" 点

16）如图 3-34 所示，添加 "MoveC" 指令，单击 "p30"，之后单击 "修改位置"，保存当前位置。

17）在线性运动模式下，使用示教器将机器人 TCP 点移动到 "p40" 点，如图 3-35 所示。

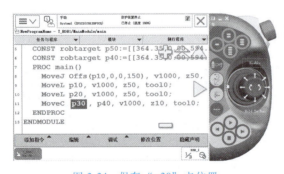

图 3-34　保存 "p30" 点位置　　　　图 3-35　示教 "p40" 点

18）单击 "p40"，之后单击 "修改位置"，保存当前位置，如图 3-36 所示。

19）在线性运动模式下，使用示教器将机器人 TCP 点移动到 "p50" 点，如图 3-37 所示。

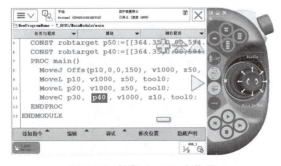
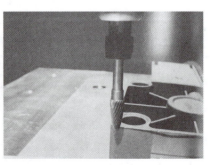

图 3-36　保存 "p40" 点位置　　　　图 3-37　示教 "p50" 点

20）如图 3-38 所示，添加"MoveL"指令，单击"p50"，之后单击"修改位置"，保存当前位置。

21）在线性运动模式下，使用示教器将机器人 TCP 点移动到"p60"点，如图 3-39 所示。

图 3-38　保存"p50"点位置　　　　　图 3-39　示教"p60"点

22）如图 3-40 所示，添加"MoveC"指令，单击"p60"，之后单击"修改位置"，保存当前位置。

23）在线性运动模式下，使用示教器将机器人 TCP 点移动到"p70"点，如图 3-41 所示。

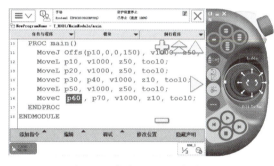

图 3-40　保存"p60"点位置　　　　　图 3-41　示教"p70"点

24）单击"p70"，之后单击"修改位置"，保存当前位置，如图 3-42 所示。

25）在线性运动模式下，使用示教器将机器人 TCP 点移动到"p80"点，如图 3-43 所示。

图 3-42　保存"p70"点位置　　　　　图 3-43　示教"p80"点

26）如图3-44所示，添加"MoveL"指令，单击"p80"，之后单击"修改位置"，保存当前位置。

27）在线性运动模式下，使用示教器将机器人TCP点移动到"p90"点，如图3-45所示。

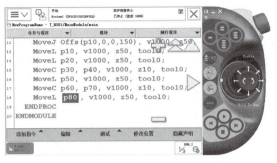
图3-44 保存"p80"点位置

图3-45 示教"p90"点

28）如图3-46所示，添加"MoveC"指令，单击"p90"，之后单击"修改位置"，保存当前位置。

29）在线性运动模式下，使用示教器将机器人TCP点移动到"p100"点，如图3-47所示。

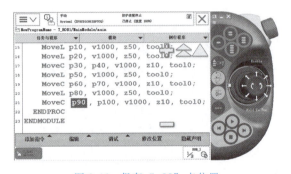
图3-46 保存"p90"点位置

图3-47 示教"p100"点

30）单击"p100"，之后单击"修改位置"，保存当前位置，如图3-48所示。

31）在线性运动模式下，使用示教器将机器人TCP点移动到"p110"点，如图3-49所示。

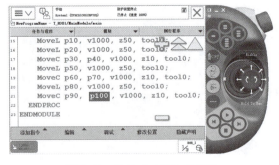
图3-48 保存"p100"点位置

图3-49 示教"p110"点

32）如图 3-50 所示，添加"MoveL"指令，单击"p110"，之后单击"修改位置"，保存当前位置。

33）在线性运动模式下，使用示教器将机器人 TCP 点移动到"p120"点，如图 3-51 所示。

图 3-50　保存"p110"点位置

图 3-51　示教"p120"点

34）如图 3-52 所示，添加"MoveC"指令，单击"p120"，之后单击"修改位置"，保存当前位置。

35）根据去毛刺轨迹路线可知，上一步骤的圆弧路径的终点和初始点"p10"是同一点，因此将程序中的"p130"改为"p10"，如图 3-53 所示。

36）在示教完最后一个点后，同样需要为机器人设置一个安全位置点。如图 3-54 所示，添加一条"MoveJ"指令，本任务中轨迹路线末端的安全位置点与"p10"点一致。

图 3-52　保存"p120"点位置

图 3-53　设置圆弧终点

图 3-54　设置末端的安全位置点

二、示教程序修改

在示教程序中需要添加 I/O 控制指令来控制除尘器等设备的工作状态。本工作站外部设备开启的顺序如下：

1）开启径向浮动工具。

2）供气。

3）开启除尘器。

4）给气缸供气。

5）夹具夹紧。

对应的 I/O 控制指令依次为"Set do1""Set do2""Set do3""Set do4""Set do5"。当程序所有运动指令运行结束时，需要按顺序依次关闭外部设备，关闭设备的 I/O 控制指令依次为"Reset do5""Reset do4""Reset do3""Reset do2""Reset do1"。

因为夹具夹紧和松开工件的动作需要一段时间才能完成，因此在执行运动程序之前（即"Set do5"后）以及程序结束之后（即"Reset do1"后），应添加时间等待的指令（如"WaitTime 3"指令）。添加指令后程序如图 3-55 和 3-56 所示。

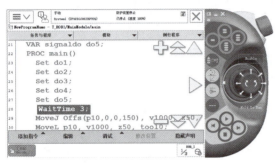

图 3-55　添加 WaitTime 指令 1　　　　图 3-56　添加 WaitTime 指令 2

此外，为安全起见，需要将程序中所有默认速度参数"V1000"改为"V100"，"z50"改成"fine"。

三、示教程序调试

程序调试是示教编程完成后必须进行的步骤，通过程序调试可以直观地找到示教程序中出现的错误。

示教程序调试步骤如下：

1）示教程序编写完成后，单击程序编辑器的"调试"，单击"PP 移至 Main"，如图 3-57 所示，程序左侧的箭头指针切换到程序的第一行。

2）如图 3-58 所示，打开示教器调节速度一栏，将速率调节为 15% 或更低。

3）使用示教器单步运行程序来检查机器人的运动轨迹，当轨迹确认无误后，则可将机器人从手动模式切换到自动模式来运行程序。

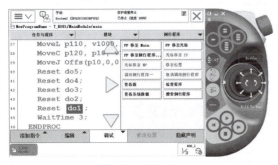 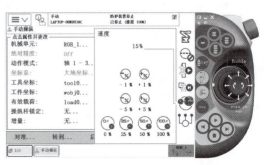

图 3-57　程序调试　　　　　　　　　　图 3-58　设置速度

【知识拓展】

协作机器人的应用

一、认识协作机器人

协作机器人（Collaborative robot）简称 Cobot 或 Co-robot，是和人类在共同工作空间中有近距离互动的机器人。到 2010 年为止，大部分的工业机器人是自动作业或在有限的导引下作业的，因此不用考虑和人类近距离互动，其动作也不用考虑对周围人类的安全保护，而这些都是协作式机器人需要考虑的机能。

随着人力成本逐年上涨，智能制造和"机器换人"成为制造业发展的新方向。协作机器人高性价比、轻量化、易部署、高效率的特点，使得用户可以在不改变原有生产线部署的情况下，快速导入协作机器人工作站，分担工人重复性高、单调性的工作，使其转入更有挑战性的、能发挥主观能动性的岗位。1.4m 臂展机器人码垛如图 3-59 所示。

二、协作机器人的优势

协作机器人与传统工业机器人之间的不同在于工业设计理念不同，这两种机器人所面向的目标市场不一样，以传统机器人为主的自动化改造是用生产线代替生产线，工业机器人作为整个生产线中的组成部分，很难单独拿出来，如果某个环节的机器人坏了，在没有设计备份的情况下，整个生产线可能要停工。而协作机器人的独立性很强，它代替的是单独的人，两者之间可以互换，一个协作机器人坏了，挪开找个人代替就好了，整个生产流程的灵活性非常高。

图 3-59　1.4m 臂展机器人码垛

三、协作机器人的缺陷

协作机器人是整个工业机器人产业链中一个非常重要的细分类别，有它独特的优势，但缺陷也很明显。

1）协作机器人的运行速度比较慢，通常只有传统机器人的 $\frac{1}{3} \sim \frac{1}{2}$。

2）为了减少机器人运动时的动能，协作机器人一般重量比较轻，结构相对简单，这就造成整个机器人的刚性不足，定位精度相比传统机器人差 1 个数量级。

3）低自重和低能量的要求，导致协作机器人体型都很小，负载一般在 10kg 以下，工作范围只与人的手臂相当，很多场合无法使用。

协作机器人最终将变成一个过渡概念，随着技术的发展，未来所有的机器人都应该具备与人类一起安全协同工作的特性。就像我们现在不再区分黑白电视和彩色电视而统称为电视，不再区分功能机和智能机而统称为手机一样，未来所有的机器人也将不再区分协作与非协作，而统称为机器人。

【任务小结】

本任务详细讲解了去毛刺工业机器人的编程与操作，通过本任务的学习，加强学生熟练操作机器人的能力、指令应用能力。去毛刺工业机器人可以实现铸件的去毛刺、打磨和抛光等操作，能够极大地节约人工成本，降低现场环境对人体的危害，提高生产效率。

 项目测评

一、理论题

如图 3-60 所示，由 P[1] 点开始，沿着过 P[2] 点的圆弧以 2000mm/s 的速度运动至 P[3] 点的程序为_____。

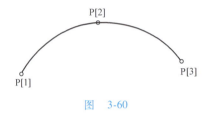

图 3-60

二、操作题

1. 编制程序控制工业机器人在两点之间往复移动，循环 10 次后，返回初始点。
2. 如图 3-61 所示，图形边长都为 50mm。试编制程序控制工业机器人在平面内画出该图形。

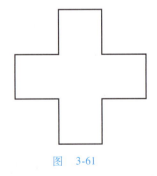

图 3-61

项目小结

通过本项目的学习，学生应该对打磨类工业机器人的知识有一定的了解；可以按照打磨的工艺要求和工件的形状进行工业机器人的手动示教，可以进行去毛刺工业机器人程序的编制、修改等操作。对工作任务的实施过程进行任务评价，通过任务评价让学生巩固和拓展职业岗位相关知识。

项目四 焊接类工业机器人的应用编程

1. 认识焊接类工业机器人。
2. 学会弧焊工业机器人示教编程方法。
3. 学会点焊工业机器人示教流程方法。

任务一 弧焊机器人的典型应用编程

【任务目标】

一、知识目标
（1）了解常用的弧焊机器人指令。
（2）掌握弧焊机器人程序的构成特点。
（3）掌握弧焊机器人程序的编写和编辑方法。

二、职业能力目标
（1）具备新建一个程序的能力。
（2）能在示教器上编辑弧焊指令。
（3）能够实现简单焊接轨迹的弧焊编程。

三、职业素质目标
（1）具有质量意识、环保意识、安全意识、信息素养、工匠精神和创新思维的6S职业素养。
（2）培养敬业精神和职业道德。
（3）培养较强的集体意识和团队合作精神。

【知识准备】

一、弧焊机器人概述

1. 弧焊机器人的应用范围

弧焊机器人的应用范围很广，除汽车行业之外，在通用机

弧焊工艺介绍

弧焊机器人概述

械、金属结构等许多行业中都有应用。弧焊机器人应是包括各种焊接附属装置在内的焊接系统，而不只是一台以规划的速度和姿态携带焊枪移动的单机。弧焊机器人系统是包含焊接装置的机器人焊接工作站，一般由机器人本体、机器人控制器、变位机、焊接系统及安全防护设备组成，如图4-1所示。

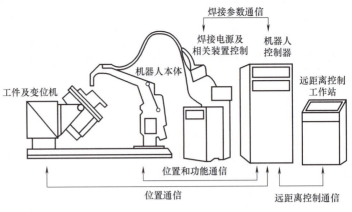

图 4-1　典型的弧焊机器人系统组成

2. 弧焊机器人的作业性能

在弧焊作业中，要求焊枪跟踪工件的焊道运动，并不断填充金属形成焊缝。因此，运动过程中速度的稳定性和轨迹精度是两项重要的指标。一般情况下，焊接速度取 5~50mm/s、轨迹精度约为 0.2~0.5mm。由于焊枪的姿态对焊缝质量也有一定影响，因此希望在跟踪焊道的同时，焊枪姿态的可调范围尽量大。作业时，为了得到优质焊缝，往往需要在动作的示教以及焊接条件（电流、电压、速度）的设定上花费大量的劳力和时间，所以除了上述性能方面的要求外，如何使机器人便于操作也是一个重要课题。

3. 弧焊机器人的分类

从机构形式划分，既有直角坐标型的弧焊机器人，也有关节型的弧焊机器人。对于小型、简单的焊接作业，4、5轴机器人即可胜任；对于复杂工件的焊接，采用6轴机器人对调整焊枪的姿态比较方便。对于特大型工件焊接作业，为加大工作空间，有时把关节型机器人悬挂起来，或者安装在运载小车上使用。

4. 弧焊机器人的基本结构

弧焊用的工业机器人通常有5个以上自由度，具有6个自由度的机器人可以保证焊枪的任意空间轨迹和姿态。图4-1为典型的弧焊机器人的主机简图。点至点方式移动速度可达60m/min，其轨迹重复精度可达到±0.2mm，它们可以通过示教和再现方式或通过编程方式工作。这种焊接机器人具有直线及环形内插法摆动的功能。图4-2所示为弧焊机器人的6种摆动方式，可以满足各种焊接工艺要求，机器人的负荷为5kg。

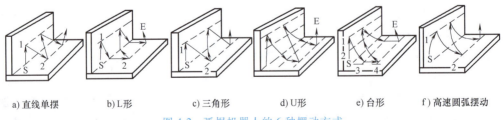

图 4-2　弧焊机器人的6种摆动方式

二、弧焊指令

弧焊指令的基本功能与普通Move指令一样，可实现运动及定位。另外，弧焊指令还包括三个弧焊参数：sm（seam）、wd（weld）和 wv（weave）。

（1）直线弧焊（Linear Welding）指令——ArcL

类似于 MoveL，包含如下 3 个选项：

1）ArcLStart：开始焊接。

2）ArcLEnd：焊接结束。

3）ArcL：焊接中间点。

（2）圆弧弧焊（Circular Welding）指令——ArcC

类似于 MoveC，包括 3 个选项：

1）ArcCStart：开始焊接。

2）ArcCEnd：焊接结束。

3）ArcC：焊接中间点。

（3）弧焊参数（Seamdata）——Seam

弧焊参数的一种，定义起弧和收弧时的相关参数，含义如表 4-1 所示。

（4）弧焊参数（Welddata）——Weld

弧焊参数的一种，定义焊接参数，含义如表 4-2 所示。

表 4-1　Seam 中的参数

弧焊参数(指令)	指令定义的参数
Purge_time	保护气体管路的预充气时间
Preflow_time	保护气体的预吹气时间
Bback_time	收弧时焊丝的回烧量
Postflow_time	收弧时为防止焊缝氧化保护气体的吹气时间

表 4-2　Weld 中的参数

弧焊参数(指令)	指令定义的参数
Weld_speed	焊缝的焊接速度，单位是 mm/s
Weld_voltage	定义焊缝的焊接电压，单位是 V
Weld_wirefeed	焊接时送丝系统的送丝速度，单位是 m/min

（5）弧焊参数（Weavedata）——Weave

弧焊参数的一种，定义摆动参数，含义如表 4-3 所示。

表 4-3　Weave 中的参数

弧焊参数(指令)		指令定义的参数
Weave_shape 焊枪摆动类型	0	无摆动
	1	平面锯齿形摆动
	2	空间 V 字形摆动
	3	空间三角形摆动
Weave_type 机器人摆动方式	0	机器人所有的轴均参与摆动
	1	仅手腕参与摆动
Weave_length		摆动一个周期的长度
Weave_width		摆动一个周期的宽度
Weave_height		空间摆动一个周期的高度

（6）\On 可选参数

令焊接系统在该语句的目标点到达之前，依照 Seam 参数中的定义，预先启动保护气体，同时将焊接参数进行数-模转换，送往焊机。

（7）\Off 可选参数

令焊接系统在该语句的目标点到达之时，依照 Seam 参数中的定义，结束焊接过程。

【任务实施】

一、新建与加载程序的基本操作

新建与加载一个程序的步骤如下：

1）在主菜单下，选择"程序编辑器"。

2）选择"任务与程序"。

3）若需创建新程序，则选择"新建"，然后打开软键盘对程序进行命名；若编辑已有程序，则选加载程序，显示文件搜索工具。

4）在搜索结果中选择需要的程序，单击确认，程序被加载，如图4-3所示。为了给新程序腾出空间，可以先删除之前加载的程序。

例行程序由不同的指令组成，如运动指令、等待指令等。在示教过程中，可以选择和设定诸如焊接速度变量、焊接工具变量等变量。

程序中指令的含义如图4-4所示。

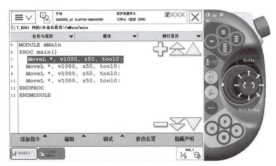

图4-3　机器人程序被加载

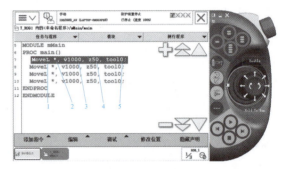

图4-4　程序中指令的含义

1—直线运动指令名称　2—点位被隐藏的数值
3—可定义的运动速度　4—可定义的运动点类型（精确点）
5—有效工具

1. 调节运行速度

在开始运行程序前，为了保证操作人员和设备的安全，应将机器人的运动速度调整到75%。速度调节方法如下：

1）按快捷菜单键，弹出对话框。

2）按速度模式键，显示如图4-5所示的快捷速度调节按钮。

3）利用快捷速度调节按钮，将速度调整为75%或50%。

4）按右下角快捷菜单键关闭窗口。

2. 运行程序

运行刚才打开的程序，先用手动低速单步执行，再连续执行。

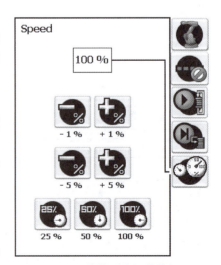

图4-5　快捷速度调节按钮

运行程序是从程序指针指向的程序语句开始的，图4-6的"A"指示的即为程序指针。运行步骤如下：

1）将机器人切换至手动模式。

2）按住示教器上的使能按钮。

3）按单步向前或单步向后，单步执行程序。执行完一句即停止。

3. 自动运行程序

自动运行程序的步骤如下：

1）插入钥匙，将运转模式切换到自动模式，示教器上显示状态切换对话框，如图4-7所示。

图4-6 程序指针

2）单击"OK"，关闭对话框，示教器上显示生产窗口，如图4-8所示。

图4-7 运行模式转换　　　　图4-8 机器人自动运行时的生产窗口

3）按电动机上电/失电按钮激活电动机。

4）按连续运行键开始执行程序。

5）按停止键停止程序。

6）插入钥匙，运转模式返回手动模式。

二、编写基本弧焊程序指令

1）操纵机器人定位到所需位置，新建程序，如图4-9所示。

2）切换到编程窗口，选择"Motion&Process"，如图4-10所示。

编写基本弧焊程序指令

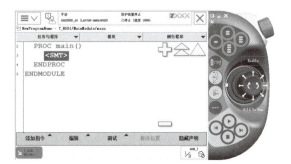
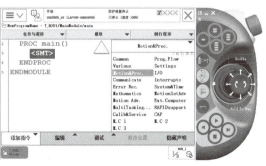

图4-9 新建程序　　　　图4-10 选择"Motion&Process"

3）进入"Motion&Process"菜单，选择要插入的焊接指令，如图4-11所示。

4）以"ArcL"指令为例，进入程序语句，如图4-12所示。

5）进入修改焊接参数界面，如图4-13所示。

6）单击初始值后可以对相关焊接参数进行修改，如图4-14所示。

7）采用上述方法也可以对"weld1"进行修改，如图4-15所示。

图4-11 插入焊接指令

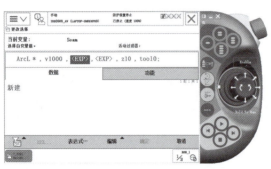

图4-12 "ArcL"指令

图4-13 修改焊接参数界面

图4-14 相关焊接参数修改

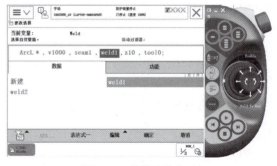

图4-15 其他参数修改

三、典型焊缝程序编制

机器人运行轨迹与焊缝示意图如图4-16所示，机器人从起始点P10运行到点P20，并从此处起弧开始焊接，焊接到点P80熄弧，停止焊接，但机器人继续运行到点P90，停止移动。

程序如下：

MoveJ P10，V100，z10，torch；

ArcL\On P20，V100，sm1，wd1，wv1，fine，torch；

ArcC P30，P40，V100，sm1，wd1，wv1，z10，torch；

ArcL P50，V100，sm1，wd1，wv1，z10，torch；

ArcC P60, P70, V100, sm1, wd2, wv1, z10, torch;
ArcL\Off P80, V100, sm1, wd2, wv1, fine, torch;
MoveJ P90, V100, z10, torch;

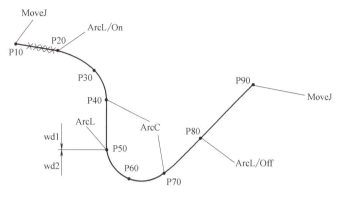

图 4-16 机器人运行轨迹与焊缝示意图

【知识拓展】

激光焊接技术

一、认识激光焊接技术

激光焊接是激光材料加工技术应用的重要方面之一，激光焊接可以采用连续或脉冲激光束加以实现，激光焊接的原理可分为热传导型焊接和激光深熔焊接。

热传导型焊接：激光束辐射加热待加工工件表面，表面温度升高，通过热传导使表层以下一定深度受热，通过设定好的激光工艺参数（如激光功率、脉冲宽度等）得到相应的熔池，通过激光束的移动，达到焊接工件的目的。

激光深熔焊接：当激光功率密度达到特定值时，待加工工件表面材料汽化形成小孔，吸收了激光能量的小孔内部温度很高，使得其周围金属熔化。孔壁外液体流动和壁层表面张力与孔腔内连续产生的蒸汽压力保持动态平衡。小孔随着激光束的移动而移动，液态金属向反方向流动填充小孔移开后留下的空隙，并冷却形成焊缝。

二、激光焊接技术的特点

优点：
1）激光焊接属于非接触性焊接过程，机具的损耗与变形可降至最低。
2）焊缝窄，熔深比大，焊接接头热影响区小，焊后工件变形小。
3）不需要在真空条件下进行，焊接不受磁场影响。
4）激光束可以聚焦到很小的区域，适合进行小型件的焊接。
5）可焊材质范围大，能够实现难焊金属的焊接，可用于异种金属焊接。
6）柔性大，易于实现高速自动化焊接等。

缺点：

1）激光器及焊接系统各配件价格昂贵，初期投资成本高。
2）激光焊接的聚焦光斑较小，因此对工件接头的装配精度要求较高。
3）固体材料对激光的吸收率低，能量转化率较低，不足 10%。
4）焊接过程中可能产生等离子体，影响焊接质量。

三、激光焊接的应用

随着工业激光器的发展和科研人员对焊接工艺的深入研究，激光焊接技术已在许多领域得到应用。但由于激光焊接设备的成本及维修费用较高，目前能够广泛使用激光焊接的，多为大批量生产或大规模零件焊接的行业，例如汽车工业、造船业等，或者一些投资较大的特殊领域，如航空航天业、核能工业等。

【任务小结】

弧焊机器人的应用非常广泛，在通用机械、汽车行业、金属结构、航空航天、机车车辆及造船行业等都有应用。当前的弧焊机器人可适应多品种中小批量生产，并配有焊缝自动跟踪和熔池控制等功能，可对环境的变化进行一定范围的适应性调整。通过本任务的实施，学生应该对常见的弧焊机器人指令有一定了解，并能够编辑、修改一些基本弧焊指令，同时可以完成简单焊接轨迹的程序编制。

任务二　点焊机器人的典型应用编程

【任务目标】

一、知识目标
（1）了解电阻焊的基础知识。
（2）熟悉点焊机器人系统的组成。
（3）掌握点焊机器人作业示教流程。

二、职业能力目标
（1）具备快速确定 TCP 位置的能力。
（2）能够在 30min 内手动操作完成两块薄板的焊接。

三、职业素质目标
（1）具备解决问题时的逆向思维能力。
（2）培养敬业精神和职业道德。
（3）具有勤奋、严谨、求实、进取的学习精神。

【知识准备】

一、点焊基础知识

点焊广泛应用于汽车、土木建筑、家电产品、电子产品、铁路机车等相关领域。点焊比较擅长于焊接薄板，更适合运用于工业机器人的自动化生产。

1. 点焊的工艺过程
1）预压：保证工件接触良好。
2）通电：使焊接处形成熔核及塑性环。
3）断电锻压：使熔核在压力持续作用下冷却结晶，形成组织致密、无缩孔裂纹的焊点。

2. 点焊的分类

点焊是电阻焊的一种。电阻焊（Resistance Welding）是将被焊母材压紧于两电极之间，并施以电流，利用电流流经工件接触面及邻近区域产生的电阻热效应将其加热到塑性状态，使母材表面相互紧密连接，生成牢固的接合部。

点焊的分类

（1）直接点焊

直接点焊如图 4-17 所示。这是最基本的、也是可靠度最高的焊接方法。

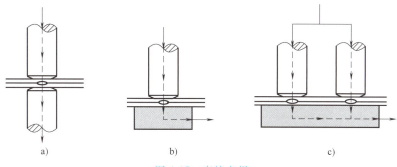

图 4-17　直接点焊

如图 4-17a 和图 4-17b 所示，相对的一对电极夹住被焊接物并施压，上下两个电极通过被焊接物的接合部使焊接电流导通。当然也有像图 4-17c 一样将电极分成两根进行焊接的方法，但是由于很难使压力、接触部位的电阻完全相同，所以与图 4-17a 和图 4-17b 的方式相比，该方法虽然在工作效率上得到了提高，但是焊接部位的可靠性变差了。

（2）间接点焊

间接点焊如图 4-18 所示。被焊接物的接合部位电流，从一个电极通过被焊接物的一个部位分流通到另外一个电极的焊接方式。有时候不需要将电极相向设置，只要在单侧设置就可以进行焊接了，因此适用于焊接大型物体。

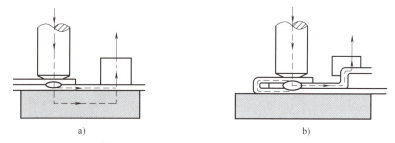

图 4-18　间接点焊

（3）单边多点点焊

单边多点点焊如图 4-19a 所示。当一个焊接电流回路中有两个接合部时，电流将顺序依次流过这两个焊点部位并进行点焊,这是一个高效的方式。但是如图 4-19b、图 4-19c 所示,在有些方式中,电流将在被焊接物内部进行分流,由此会产生一些不利于接合部发热的无效电流,因此不仅仅造成效率低下,有时还会对焊接质量造成坏的影响。所以为了尽量减少分流,需要尽量加大电极。当板厚不同时,需要将厚板材放在下方。

(4) 双点焊(推挽点焊)

如图 4-20 所示,双点焊(推挽点焊)在上下都配置焊接变压器,可以同时进行两点焊接。

与图 4-19 所示的单边多点点焊相比,双点焊在相当程度上抑制了分流电流,具有利于用在厚板材焊接的优点。

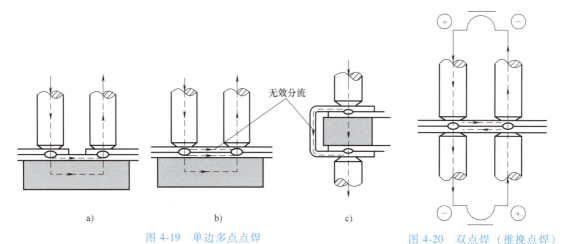

图 4-19 单边多点点焊　　　　图 4-20 双点焊(推挽点焊)

二、点焊机器人系统的组成

工业机器人点焊工作站由机器人系统、伺服焊钳、冷却水系统、电阻焊接控制装置、焊接工作台等组成,采用双面单点焊方式。点焊机器人系统如图 4-21 所示,点焊机器人系统各部分名称及各部分功能说明分别如表 4-4 和表 4-5 所示。

点焊工业机器人系统的组成

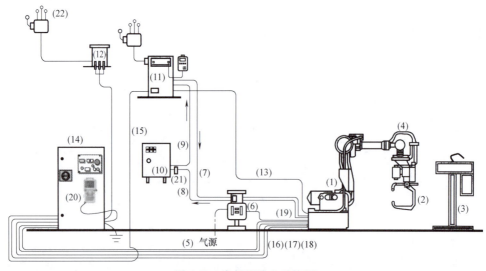

图 4-21 点焊机器人系统图

表 4-4 点焊机器人系统各部分名称

设备代号	设备名称	设备代号	设备名称
（1）	机器人本体	（12）	机器人变压器
（2）	伺服焊钳	（13）	焊钳供电电缆
（3）	电极修磨机	（14）	机器人控制柜
（4）	手部集合电缆	（15）	点焊指令电缆（I/F）
（5）	焊钳伺服控制电缆 S1	（16）	机器人供电电缆 2BC
（6）	气/水管路组合体	（17）	机器人供电电缆 3BC
（7）	焊钳冷水管	（18）	机器人控制电缆 1BC
（8）	焊钳回水管	（19）	焊钳进气管
（9）	点焊控制箱冷水管	（20）	机器人示教器
（10）	冷水阀组	（21）	冷却水流量开关
（11）	点焊控制箱	（22）	电源

表 4-5 点焊机器人系统各部分功能说明

类型	设备代号	功能说明
机器人相关	（1）（4）（5）（13）（14）（15）（16）（17）（18）（20）	焊接机器人系统以及连接的其他设备
点焊系统	（2）（3）（11）	实施点焊作业
供气系统	（6）（19）	如果使用气动焊钳时，焊钳加压气缸完成点焊加压，需要供气。当焊钳长时间不用时，须用气吹干焊钳管道中残留的水
供水系统	（7）（8）（10）	用于对设备（2）（11）的冷却
供电系统	（12）（22）	系统动力

1. 点焊机器人

点焊机器人（见图 4-22）主要由操作机、控制系统和点焊焊接系统等组成，操作者可通过示教器和操作面板进行点焊机器人运动位置和动作程序的示教，设定运动速度、焊接参数等。点焊机器人是用于点焊自动作业的工业机器人，末端执行器握持的作业工具是焊钳。点焊只需点位控制，对焊钳在点与点之间的移动轨迹没有严格要求。

点焊机器人不仅要有足够的负载能力，而且在点与点之间移位时速度要快捷，动作要平稳，定位要准确，以减少移位的时间，提高机械臂工作效率。

最初，点焊机器人只用于增强焊作业，后来为了保证拼接精度，又让机器人完成定位焊作业。这样，点焊机器人逐渐被要求有更全的作业性能，具体来说：

1）安装面积小，工作空间大。

2）快速完成小节距的多点定位（例如每 0.3~0.4s 移动 30~50mm 节距后定位）。

3）定位精度高（±0.25mm），以确保焊接质量。

4）持重大（50~150kg），以便携带内装变压器的焊钳。

5）内存容量大，示教简单，节省工时。

6）点焊速度与生产线速度相匹配，同时安全可靠性好。

图 4-22 点焊机器人

2. 焊钳

焊钳是指将点焊用的电极、焊枪架、加压装置等紧凑汇总的焊接装置。

（1）气动焊钳

气动焊钳（见图4-23）的"气动"是使用压缩空气驱动加压气缸活塞，然后由活塞的连杆驱动相应的传递机构带动两电极臂闭合或张开。它利用气缸来加压，一般具有两个行程，能够使电极完成大开、小开和闭合三种动作，电极压力一旦调定后是不能随意变化的。

（2）伺服焊钳

伺服焊钳是利用伺服电动机替代压缩空气作为动力源的一种焊钳。焊钳的张开和闭合由伺服电动机驱动，脉冲码盘反馈，这种焊钳的张开度可以根据实际需要任意选定并预置，而且电极间的压紧力也可以无级调节，是一种可提高焊点质量、性能较高的机器人用焊钳。X 型伺服机器人焊钳实物图和结构图如图4-24 所示，结构图说明如表4-6 所示。

图 4-23　气动焊钳

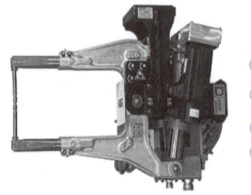
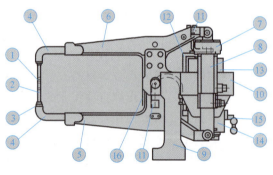

a) 实物图　　　　　　　　　　　　b) 结构图

图 4-24　X 型伺服机器人焊钳

表 4-6　X 型伺服机器人焊钳结构图说明

序号	名　称	序号	名　称
1	电极帽	9	支架
2	电极杆	10	支架
3	电极座	11	软连接
4	电极臂	12	二次导体
5	可动焊接臂	13	变压器
6	固定焊接臂	14	接线盒
7	驱动部件组合	15	冷却水多歧管
8	伺服电动机	16	飞溅挡板

【任务实施】

一、TCP 确定

工业机器人作业示教的一项重要内容,即确定各程序点处工具中心点(TCP)的位置。对点焊机器人而言,TCP 一般设在焊钳开口的中点处,且要求焊钳两电极垂直于被焊工件表面。TCP 位置示意图如图 4-25 所示。

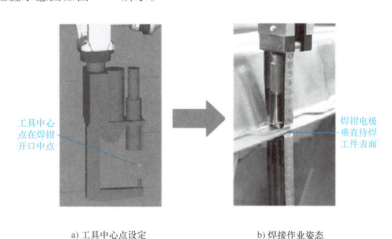

a) 工具中心点设定　　　　b) 焊接作业姿态

图 4-25　TCP 位置示意图

二、点焊作业示教流程

采用示教再现方式为机器人输入两块薄板(板厚 2mm)的点焊作业程序。此程序由编号 1~5 的 5 个程序点组成,为提高工作效率,程序点 1 和 5 设在同一位置。本例中使用的焊钳为气动焊钳,通过气缸来实现焊钳的大开、小开和闭合三种动作。点焊机器人运动轨迹如图 4-26 所示,各程序点说明如表 4-7 所示。

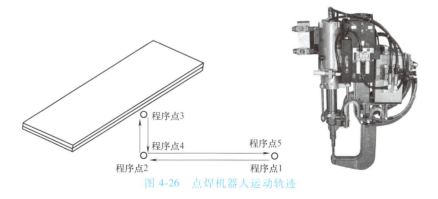

图 4-26　点焊机器人运动轨迹

表 4-7　程序点说明(点焊作业)

程序点	说明	手爪动作
程序点 1	机器人原点	
程序点 2	作业临近点	大开→小开

(续)

程序点	说明	手爪动作
程序点 3	点焊作业点	小开→闭合
程序点 4	作业临近点	闭合→小开
程序点 5	机器人原点	小开→大开

1. 明确工作任务
焊接两块薄板（板厚 2mm）。

2. 示教前的准备
1）工件清理，使表面无铁锈、油污等杂质。
2）确认自己和机器人之间保持安全距离。
3）确认机器人运动区域无干涉。
4）确认机器人原点。
5）安全确认。

3. 新建作业程序点
按示教器的相关菜单或按钮，新建一个作业程序。

4. 程序点的输入
在示教模式下，手动操作移动机器人设定程序点 1 至程序点 5。此处程序点 1 至程序点 5 需处于与工件、夹具互不干涉的位置。程序点示教说明（点焊作业）如表 4-8 所示。

表 4-8 程序点示教说明（点焊作业）

程序点	示 教 方 法
程序点 1 （机器人原点）	按手动操作机器人要领移动机器人到原点 将程序点设置为"空走点"，插补方式选择"PTP" 确认并保存程序点 1 为机器人原点
程序点 2 （作业临近点）	手动操作机器人到作业临近点，并调整焊钳姿态 将程序点设置为"空走点"，插补方式选择"PTP" 确认并保存程序点 2 为机器人作业临近点
程序点 3 （点焊作业点）	手动操作机器人移动到焊接作业点且保持焊钳位姿不变 将程序点设置为"作业点/焊接点"，插补方式选择"PTP" 确认并保存程序点 3 为机器人点焊作业点 若有需要可直接输入点焊作业命令
程序点 4 （作业临近点）	手动操作机器人到作业临近点 将程序点设置为"空走点"，插补方式选择"PTP" 确认并保存程序点 4 为机器人作业临近点
程序点 5 （机器人原点）	手动操作机器人到机器人原点 将程序点设置为"空走点"，插补方式选择"PTP" 确认并保存程序点 5 为机器人原点

5. 设定作业条件
（1）设定焊钳条件
焊钳条件的设定主要包括焊钳号、焊钳类型及焊钳状态等。
（2）设定焊接条件
焊接条件的设定包括点焊时的焊接电源和焊接时间等参数，需在焊机上设定。

6. 测试程序
确认机器人周围安全后，按如下操作测试作业程序。

1)检查是否有急停按钮被按下,若有则将其拔出,在示教器上按"OK"后按电机上电按钮进行复位。

2)若机器人远离工作起始点,则必须手动将机器人移动到工作起始点附近。

3)选 MovePPtomain,此时 PP(程序运行指针)被移动到主程序第一句。

4)旋转上下菜单切换旋钮,可改变机器人运动速度,改变后再旋转一次上下菜单切换旋钮。

5)按下示教器上的使能按钮(使其处于中间位置),然后按启动按钮,可在手动状态下启动机器人。

7. 再现施焊

1)检查是否有急停按钮被按下,若有则将其拔出,在示教器上按"OK"后按电机上电按钮进行复位。

2)打开要再现的作业程序。

3)将模式转换钥匙切换到自动状态,按"OK"确认,按下电机上电按钮至指示灯亮,单击屏幕左上角"ABB",再选择主动生产窗口,选 MovePPtomain,此时 PP(程序运行指针)被移动到主程序第一句。

4)按"程序启动"按钮,机器人开始自动运行。

焊接机器人作业示教流程如图 4-27 所示。

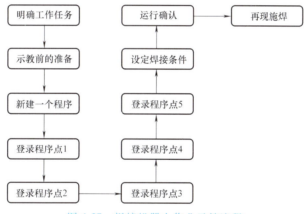

图 4-27 焊接机器人作业示教流程

【知识拓展】

点焊的条件与点焊机器人的选择

一、点焊的条件

焊接电流、通电时间以及电极加压力被称为电阻焊接的三大条件。在电阻焊接时,这些条件互相作用,具有非常紧密的联系。

1. 焊接电流

焊接电流是指电焊机中的变压器的二次回路中流向焊接母材的电流。在合适的电极加压力下，大小合适的电流在合适的时间范围内导通后，接合母材间会形成共同的熔合部，在冷却后形成接合部（熔核）。但是，如果电流过大会导致熔合部飞溅出来（飞溅）以及电极黏结在母材（熔敷）等故障现象。此外，也会导致熔接部位变形过大。

2. 通电时间

通电时间是指焊接电流导通的时间。在电流值固定的情况下改变通电时间，会使焊接部位所能够达到的最高温度不同，从而导致形成的接合部大小不一。一般而言，选择低的电流值、延长通电时间不仅会造成大量的热量损失，而且会导致对不需要焊接地方的加热。特别是对像铝合金等热传导率好的材料以及小零件等进行焊接时，必须使用充分大的电流，在较短的时间内焊接。

3. 电极加压力

电极加压力是指加载在焊接母材上的压力。电极加压力既起到了决定接合部位位置的夹具的作用，同时电极本身也起到了产生导通稳定的焊接电流的作用。此外，还起到冷却后的锻压效果以及防止内部开裂等作用。在设定电极加压力时，有时也会采用在通电前进行预压、在通电过程中进行减压、在通电末期再次增压等特殊的方式。

电极加压力具体作用包括：破坏表面氧化污物层、保持良好接触电阻、提供压力促进焊件熔合、热熔时形成塑性环、防止周围气体侵入、防止液态熔核金属沿板缝向外喷溅。

二、点焊机器人的选择

在选用点焊机器人时，必须注意以下几点：

1）必须使点焊机器人实际可达到的工作空间大于焊接所需的工作空间。焊接所需的工作空间根据焊点位置及焊点数量确定。

2）点焊速度与生产线速度必须匹配。首先根据生产线速度及待焊点数确定单点工作时间，而且机器人的单点焊接时间（含加压、通电、维持、移位等）必须小于此值，即点焊速度应大于或等于生产线的生产速度。

3）按工件形状、种类、焊缝位置选用焊钳。垂直及近于垂直的焊缝选 C 形焊钳，水平及水平倾斜的焊缝选用 K 形焊钳。

4）应选内存容量大、示教功能全、控制精度高的点焊机器人。

5）需采用多台机器人时，应研究是否采用多种型号，并与多点焊机及简易直角坐标机器人并用等问题。当机器人间隔较小时，应注意动作顺序的安排，可通过机器人群控或相互间联锁作用避免产生干涉。

根据上面的条件，再从经济效益、社会效益方面进行论证方可决定是否采用机器人以及所需的台数、种类等。

【任务小结】

点焊是电阻焊的一种，广泛应用于汽车、土木建筑、家电产品、电子产品、铁路机车等相关领域。点焊比较擅长于焊接薄板，更适合运用于工业机器人的自动化生产。通过本任务的实施，学生可以学习到点焊的一些基本知识，熟悉点焊工业机器人系统的组成并掌握点焊机器人作业示教过程。

一、理论题

1. 弧焊机器人系统是包含焊接装置的机器人焊接工作站，一般由＿＿＿＿、＿＿＿＿、＿＿＿＿、＿＿＿＿及＿＿＿＿组成。
2. 点焊机器人主要由＿＿＿＿、＿＿＿＿、＿＿＿＿组成。
3. 焊钳是指将＿＿＿＿、＿＿＿＿、＿＿＿＿等紧凑汇总的焊接装置。
4. 点焊工艺类型主要有：＿＿＿＿、＿＿＿＿、＿＿＿＿、＿＿＿＿。

二、实践题

1. 请同学们新建一个机器人焊接小程序并完成程序的编辑及调试工作。

2. 请同学们手动操作完成两块薄板的点焊。

通过本项目的学习，学生应该对弧焊及点焊知识有了一定的了解，对弧焊机器人系统及点焊机器人系统有了一定的认知；对机器人程序指令有一定熟知，可以进行简单弧焊机器人程序的编制、修改等示教操作，可以进行简单的点焊机器人的 TCP 的设定及示教操作。对工作任务的实施过程进行任务评价，通过任务评价让学生巩固和拓展职业岗位相关知识。

项目五　工业机器人自动生产线的设计

项目目标

1. 认识工业机器人自动生产线。
2. 掌握工业机器人自动生产线的设计过程。
3. 培养工业机器人自动生产线设备维护的能力。

任务　工业机器人自动生产线的设计过程

【任务目标】

一、知识目标
（1）了解工业机器人自动生产线的基础知识。
（2）掌握工业机器人自动生产线的设计过程及要点。

二、职业能力目标
（1）具备识读简单生产线图样的能力。
（2）具备工业机器人自动生产线中简单零部件设计的能力。
（3）具备工业机器人自动生产线设备维护的能力。

三、职业素质目标
（1）具有质量意识、环保意识、安全意识、信息素养、工匠精神和创新思维的 6S 职业素养。
（2）培养敬业精神和职业道德。
（3）具有正确的就业观和创业意识。

【知识准备】

一、工业机器人自动生产线的基础知识

自动生产线是由流水生产线方式发展而来的。20 世纪 20 年代美国创立了汽车工业的流水线，由此揭开了现代流水生产线的序幕。

自动生产线是产品生产过程所经过的路线,即从原料进入生产现场开始,经过加工、运送、装配、检验等一系列生产活动所构成的路线。发展现代自动化技术,用智能机器代替人的部分脑力劳动,可使人的生产和生活模式变成了人-机器/智能机器-自然界。

1. 工业机器人自动生产线的主要组成部分及各部分作用

工业机器人自动生产线主要由机械本体、检测及传感器、控制系统、执行机构、动力源及工业机器人等组成。

工业机器人自动生产线的主要配置及各部分作用

（1）机械本体

自动生产线上机械本体主要是指组成生产线的各较为独立的机器,如机加工设备（车床、铣床等）、AGV小车、物流转运机构等。随着社会的发展,自动生产线上机械本体部分应朝着体积缩小、综合性更强、灵活性、稳定性更高的方向发展。

（2）检测及传感器

检测及传感器是自动生产线必不可少的部分也是控制部分的基础,检测及传感器部分可以获取信息并起到监测作用。自动化设备及生产线在运行过程中必须及时了解与运行相关的情况,充分而又及时地掌握各种信息,系统才能得到控制和正常运行。各种检测及传感器就是用来检测各种信号,把检测到的信号经过放大、变换,然后传送到控制部分,进行分析和处理的。

目前传感器的基本原理是将非电量转化成电量,如转换为电压、电流、频率等。工业领域应用的传感器,如各种测量工艺变量（如温度、液位、压力、流量等）的、测量电子特性（电流、电压等）和物理量（运动、速度、负载以及强度）的传感器都发展较为迅速。

随着科技的发展,对传感器的要求也随之提高,主要体现在精度的提高、测量范围的逐渐扩大、测量元件体积能耗的减小等方面。

（3）控制系统

控制系统的作用是处理各种信息并做出相应的判断,发放指令。

装在自动化设备及生产线上的各种检测元件,将测到的信号传送到其控制系统。在控制系统中,控制器是系统的指挥中心,它将信号与要求的值进行比较,经过分析、判断之后,发出执行命令,驱使执行机构动作。控制器具有信息处理和控制的功能。目前随着计算机的进步和普及,与其应用密切相关的机电一体化技术的进一步发展,计算机已成为控制器的主体。例如单片机、PLC的发展逐渐取代了过去的继电器、接触器控制。单片机、PLC的广泛运用使得控制部分的性能进一步提高,从而提高了生产线的经济效益,主要表现在信息的传递和处理速度提高、可靠性增强、体积减小、抗干扰性提高等。

（4）执行机构

执行机构的作用是执行各种指令、完成预期的动作。它由传动机构和执行元件组成,能实现给定的运动,能传递足够的动力,并具有良好的传动性能,可完成上料、下料、定量和传送等功能。

执行机构包含伺服电动机、调速电动机、步进电动机、变频器、电磁阀或气动阀门体内的阀芯、接触器等。例如电梯的执行机构就是大功率的电动机,受每层楼的控制带动轿厢上下移动满足生活需求。执行机构的发展单对电动机来说,会使其向体积小、功率大、稳定性好、能耗低、速度高的方向发展。

（5）动力源

动力源的作用是向自动化设备及生产线供应能量，以驱动它们进行各种运动和操作。动力源由过去以人力为动力源发展为现在的各种动力源，如电力源、液压源、气压源、超声波、激光等动力源，其中电力源的运用是最广泛的。

（6）工业机器人

随着我国工业企业自动化水平的不断提高，机器人自动生产线的市场也会越来越大，并且逐渐成为自动生产线的主要方式。我国机器人自动生产线装备的市场刚刚起步，国内装备制造业正处于由传统装备向先进制造装备转型的时期，这就给机器人自动生产线研究开发者带来巨大商机。

在发达国家，工业机器人自动生产线成套设备已成为自动化装备的主流及未来的发展方向。国外汽车、电子电器、工程机械等行业已经大量使用工业机器人自动生产线，以保证产品质量，提高生产效率，同时避免了大量的工伤事故。全球诸多国家近半个世纪的工业机器人的使用实践表明，工业机器人的普及是实现自动化生产、提高社会生产效率、推动企业和社会生产力发展的有效手段。

2. 自动生产线的发展趋势

从20世纪20年代开始，随着汽车、滚动轴承、小型电动机和缝纫机等的发展，机械制造业中开始出现自动生产线，最早出现的是组合机床自动线。此前，首先是在汽车工业中出现了流水生产线和半自动生产线，随后发展成为自动线。第二次世界大战后，在工业发达国家的机械制造业中，自动生产线的数目急剧增加。

自动生产线的发展方向主要是提高可调性、扩大工艺范围、提高加工精度和自动化程度，同计算机结合实现整体自动化车间与自动化工厂。

随着数控机床、工业机器人、计算机、通信等技术的发展，以及成组技术的应用，将使自动生产线的灵活性更大，可实现多品种、中小批量的自动化生产。多品种可调自动生产线，降低了自动生产线生产的经济批量，因而在机械制造业中的应用越来越广泛，并向更高度自动化的柔性制造系统发展。

二、工业机器人自动生产线的设计基础

工业机器人自动生产线一般由机械和电气两大部分组成，即主要涉及机械设计和电气设计两大块，这些设计人员除了具备各自的专业技能外还须对工业机器人、工业机器人生产线有一定的了解。

1. 三维设计软件概述

机械结构设计行业的大体趋势都是由传统平面设计转向三维结构设计，目前市场上主流的设计软件主要有 Pro/Engineer、UG、CATIA、SolidWorks 等。这些 CAX 综合三维设计的应用可以缩短产品设计周期，在一个平台上就可以完成零件设计、装配、CAE 分析、工程图绘制、CAM 加工、数据管理等，大大提高了企业的效率。

三维设计
软件概述

无论选用哪个软件作为设计平台，那都只是一个工具而已，一个好的设计最终还是决定于设计者本身的技术和经验。本任务的机械结构设计主要借助三维设计软件 Pro/Engineer（简称 Pro/E）完成，下面简单介绍 Pro/E 的基本知识。

Pro/E 是美国参数技术公司（Parametric Technology Corporation，PTC）旗下的产品 Pro/Engineer 软件的简称。该操作软件 1989 年开发成功，是一款集 CAD/CAM/CAE 功能于一体的综合性三维软件，在目前的三维造型软件领域中占有重要地位，并作为当今世界机械 CAD/CAE/CAM 领域的新标准而得到业界的认可和推广，是现今最成功的 CAD/CAE/CAM 软件之一。该软件采用模块化方式（Pro/E 工作界面，见图 5-1），可分别进行草图绘制（见图 5-2）、零件制作（见图 5-3）、装配设计（见图 5-4）、加工处理（见图 5-5）等，保证用户可以按照自己的需要进行选择使用。

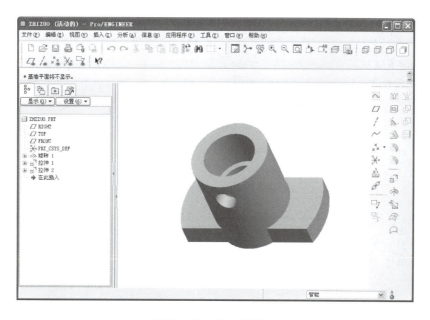

图 5-1　Pro/E 工作界面

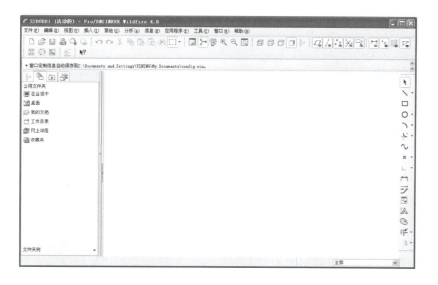

图 5-2　草图绘制工作界面

图 5-3　零件制作界面

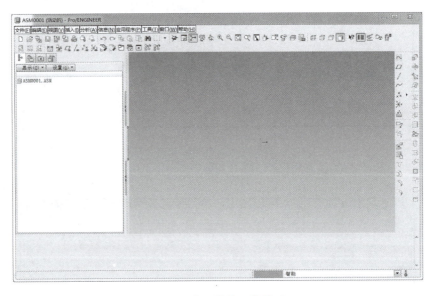

图 5-4　装配设计工作界面

2. 合格的机械设计人员应具备的基本条件

机械设计是机械工程的重要组成部分，是机械生产的第一步，是决定机械性能的最主要的因素，是工业机器人生产线完成的基础。机械设计的努力目标是：在各种限定的条件（如材料、加工能力、理论知识和计算手段等）下设计出最好的机械，即做出优化设计。作为一名合格的机械设计人员除了可以熟练地使用设计软件外，还应具备如下技能：熟练翻阅机械设计手册及产品样本；熟悉原材料情况；深度了解各类常用机床的结构原理和性能特点；具备一定的电气、液压、气动等方面的知识；略知金属材料与热处理知识；略知钣金知识等。

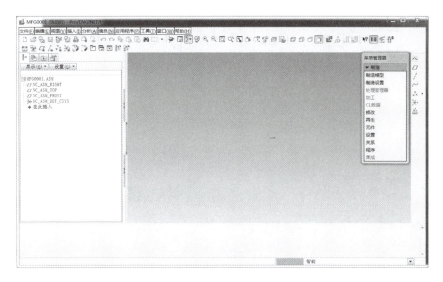

图 5-5　加工处理工作界面

【任务实施】

一、设计流程及任务概述

工业机器人自动生产线的结构设计一般遵循如图 5-6 所示设计流程，本流程涉及从起初的方案规划到最后的机加工全过程。

设计流程

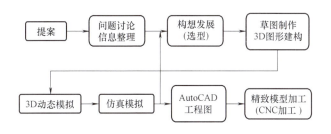

图 5-6　设计流程图

本任务以主旋杆工业机器人自动化焊接生产线为对象，对生产线结构设计中重要设计环节展开详细论述，并采用以点带面的形式展开设计实施。

二、方案论证

主旋杆焊接生产线是一条用于主旋杆焊接的柔性设备，该生产线各工位紧密衔接，生产节拍吻合，实现了主旋杆钢筋销、定位套、踏步等零部件的自动化焊接。生产线工作流程图如图 5-7 所示，方案布局图如图 5-8 所示。

主旋杆焊接生产线初步规划方案主要由点焊工位、小车行走、积存、焊接工位、机器人搬运行走及预留焊接工位等几部分组成。生产线配置清单如表 5-1 所示。

图 5-7 工作流程图

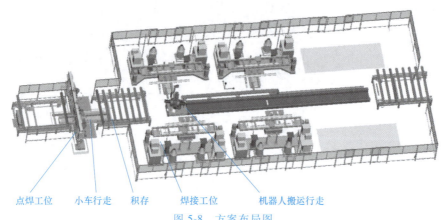

图 5-8 方案布局图

表 5-1 生产线配置清单

序号	装置名称	数量	备注
1	小车行走	1	
2	钢筋销、踏步、定位套点焊工位	1	
3	移动式积存	2	前后规划各一
4	机器人搬运行走装置	1	
5	钢筋销、踏步、定位套焊接工位	4	预留两个工位

三、选型计算

主旋杆工业机器人自动化焊接生产线是一条典型的工业机器人自动化焊接生产线，基本包含了所有自动生产线涉及的零部件，涉及选型计算的主要零部件包括工业机器人（搬运机器人及焊接机器人型号规格及配置）、电动机、减速机（点焊工位回转、小车行走、搬运机器人行走及焊接工位变位等）、气动系统（气缸、电磁阀、三联件等）、控制系统（PLC、触摸屏及电气元器件等）等。

机器人搬运装置在生产线中用于转移物料，是生产线的重要组成部分。本任务以机器人搬运装置的驱动部件为例展开选型计算分析。

机器人搬运装置的驱动部件涵盖：伺服电动机、减速机、齿轮齿条及直线导轨等。本结构为一典型的机器人行走结构，适用于大多中轻型负载的行走系统，其结构简单，成本造价低且重复定位精度较高，如图 5-9 所示。

典型的行走驱动结构以电动机作为动力源，经过减速机一级减速后直连齿轮、齿条结构，齿轮以上部分安装到滑动平台上随机器人行走，齿条安装在大底座上固定。典型的行走驱动结构如图 5-10 所示。

根据电动机样本参数表（见表 5-2），电动机初步选用三菱 2kW 伺服电动机，型号 HF-SP202。伺服电动机转矩特性曲线如图 5-11 所示。减速机初步选择住友精密减速机，型号

图 5-9 典型的行走结构

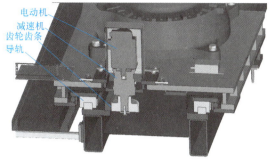

图 5-10 典型的行走驱动结构

ANFX-P130W。

表 5-2 HF-SP 2000r/min 系列伺服电动机规格（200VAC 级）

伺服电动机系列		HF-SP 2000r/min 系列（中惯量，中功率）						
伺服电动机型号 HF-SP		52（B）	102（B）	152（B）	202（B）	352（B）	502（B）	702（B）
对应伺服放大器型号 MR-J3-		60A/B (-RJ006)/T	100A/B (-RJ006)/T	200AN/BN(-RJ006)/TN		350A/B (-RJ006)/T	500A/B (-RJ006)/T	700A/B (-RJ006)/T
电源设备功率/(kV·A)		1.0	1.7	2.5	3.5	5.5	7.5	10
连续运行特性	额定输出功率/kW	0.5	1.0	1.5	2.0	3.5	5.0	7.0
	额定输出转矩/(N·m)	2.39	4.77	7.16	9.55	16.7	23.9	33.4
最大输出转矩/(N·m)		7.16	14.3	21.5	28.6	50.1	71.6	100
额定转速/(r/min)		2000						
最大转速/(r/min)		3000						
允许瞬时转速/(r/min)		3450						
连续额定转矩输出时的功率变化率/(kW/s)		9.34	19.2	28.8	23.8	37.2	58.8	72.5
额定电流/A		2.9	5.3	8.0	10	16	24	33
最大电流/A		8.7	15.9	24	30	48	72	99
再生制动频率/(次/min)		60	62	152	71	33	37	31
转动惯量 $J/(\times 10^{-4} kg \cdot m^{-2})$	标准	6.1	11.9	17.8	38.3	75.0	97.0	154
	带电磁制动器	8.3	14.0	20.0	47.9	84.7	107	164
负载/电动机转动惯量推荐比		电动机转动惯量 15 倍以下						
速度/位置检测器		18 位绝对值编码器（分辨率：262144p/rev）						
附属装置		一（带油封电动机（HF-SP□J））						
绝缘等级		F 级						
结构		全封闭自冷（防护等级：IP67）						
环境要求	环境温度	0～40℃（不结冰），存储：-15～70℃（不结冰）						
	环境湿度	80%RH 以下（无结露），存储：90% RH 以下（无结露）						
	空气条件	室内（无直射阳光）；无腐蚀性气体，无可燃性气体，无油雾，无灰尘						
	高度	海拔 1000m 以下						
	振动	X：24.5m/s² Y：24.5m/s²			X：24.5m/s² Y：49m/s²		X：24.5m/s² Y：29.4m/s²	
重量/kg	标准	4.8	6.5	8.3	12	19	22	32
	带电磁制动器	6.7	8.5	10.3	18	25	28	38

确定好主要部件即电动机、减速机后可以得到表 5-3 所示的设备及主参数。

表 5-3 设备及主参数

设备及主参数	主数值
电动机	$P = 2\text{kW}$、$T = 9.54\text{N} \cdot \text{m}$、$T_{max} = 28.5\text{N} \cdot \text{m}$
减速机	ANFX-P130W-1SL3-9、减速比 $i = 9$、径向负载 1750N ANFX-P130W-1SL3-21、减速比 $i = 21$、径向负载 2325N
小齿轮	$M = 4$、$Z = 35$
直线导轨	THKSHS 系列、$\mu = 0.003$
行走负载	$m = 2000\text{kg}$
行走速度	$v = 0.5\text{m/s}$
行走加速度	$\alpha = 1\text{m/s}^2$

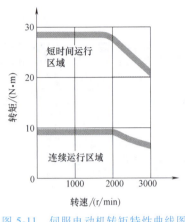

图 5-11 伺服电动机转矩特性曲线图

有了以上参数，便可进行校核计算，如果电动机最大驱动力 F_{max} 远大于机器人部件行走所需的驱动力 F_2，本结构是可以正常运转的。但需要注意的是，对于重型负载工况的行走结构使用，其导轨摩擦系数需要重新校核确定，即给出一定的安全系数值。

四、图样设计

图样设计是生产线设计的主要环节，也是最费时、费精力的一个环节。本任务借助计算机三维绘图软件完成生产线中机器人焊接工作站的结构设计，控制系统设计基于三菱可编程序控制器完成。

机器人焊接工作站是生产线的核心组成部件，其工作原理如下：单个工作站用两台 TA1400 机器人同时焊接连接套与主弦杆，通过变位机的变位与机器人的协调，来达到最佳的焊接姿态；工作站的上件是通过搬运机器人带动夹手抓取来自积存的点焊好的工件，机器人焊接完成后，翻转工件于正下方，通过出件小车来接件，下降后移出焊接区域，等待搬运机器人对焊接夹具的上件及对出件小车上工件的抓取出件至后续积存上。

借助三维造型软件 Pro/E 完成机械部分三维造型并出工程图。焊接工作站三维模型总布置图如图 5-12 所示。

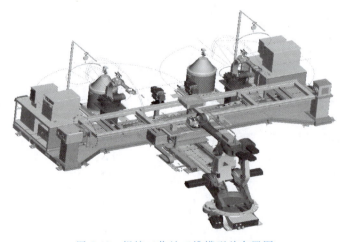

图 5-12 焊接工作站三维模型总布置图

1. 焊接工作站各部件具体结构设计

（1）机器人焊接工位

用于完成主体焊接的部件，主要由焊接机器人（含控制器）、变位机等部件组成。机器人焊接工位三维模型如图 5-13 所示，机器人焊接工位参数如表 5-4 所示。

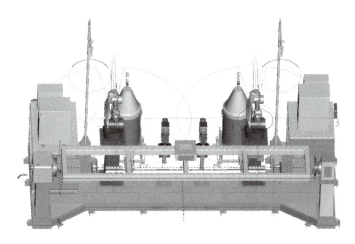

图 5-13　机器人焊接工位三维模型

表 5-4　机器人焊接工位参数

机器人焊接工位	机器人本体	TA1400
	机器人控制柜	
	机器人示教盒	
	焊枪防碰撞传感器	YA-1AH011T0T
	变压器 380V/200V	TSMTR010HGH
	焊接电源	YD-500GR3HWK
	焊枪	YT-CAT503HAL
	接触传感用送丝机	YW-CNF012HAH
	电缆单元	TSMWU600
	气体流量计	YX-25CD1HAM
	接触传感器继电器	YA-1NPER2HAE
	500A 接触传感器	YA-ARBST1HDF
	外部轴电动机功率	1kW
	变位器减速比	1/180
	最大角速度	66.67°/s
	最大角加速度	66.67°/s^2
	回转范围	±180°

（2）出件行走装置

用于完成焊接完成工件的下料及运出工作，行走装置主要由气缸、导轨等部件组成。出件行走装置三维模型如图 5-14 所示，其参数如表 5-5 所示。

表 5-5　出件行走装置参数

行走装置	升降气缸	JSI125X150-S
	行走气缸	SI100X800-S
	导轨	HSR30LR2ZZ
	长×宽×高	1913mm×1223mm×905mm

(3) 搬运机器人夹具

完成工件的抓取，主要由气缸、夹爪及传感器等零部件组成。搬运机器人夹具三维模型如图 5-15 所示，其参数如表 5-6 所示。

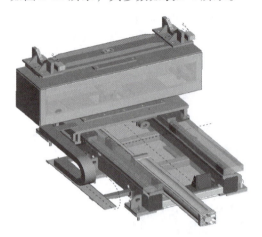

图 5-14　出件行走装置三维模型

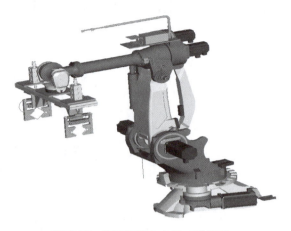

图 5-15　搬运机器人夹具三维模型

表 5-6　搬运机器人夹具参数

搬运机器人夹具	升降气缸	ACQJS80x150-30-B
	长×宽×高	1240mm×350mm×885mm

(4) 机器人焊接夹具

用于完成工件的装夹，主要由加紧气缸、普通气缸、传感器等零部件组成。机器人焊接夹具三维模型如图 5-16 所示，其参数如表 5-7 所示。

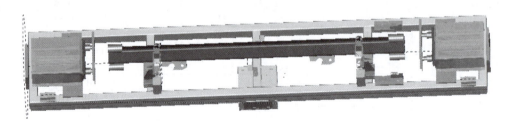

图 5-16　机器人焊接夹具三维模型

表 5-7　机器人焊接夹具参数

机器人焊接夹具	定位气缸	SI80X300-S
	夹紧气缸	SI63X300-S
	压紧气缸	v63.1A00T12N135
	长×宽×高	4416mm×760mm×485.5mm

此工位为搬运机器人自动搬运工件至夹具上，检测开关检测工件到位后气缸自动定位夹紧及压紧工件，焊接机器人开始焊接；焊接完成后由出件小车自动取出焊接好的工件。

注意：此工位需要人工手动更换定位装置的位置以适应 2.8m 和 2.5m 不同长度工件的装卡定位，图 5-17 和图 5-18 分别展示了 2.8m 及 2.5m 长的工件定位块位置。

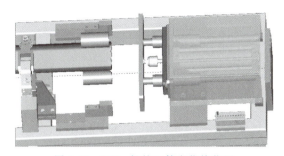 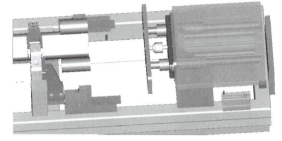

图 5-17　2.8m 长的工件定位块位置　　　　图 5-18　2.5m 长的工件定位块位置

2. 典型零部件设计

整条生产线包含五百多个零部件，而一般三维设计遵循自底向上的设计思路，即先完成单个零件的设计再组装完成部件，当然也有自顶向下设计的方式。

本任务以插拔销机构中的销子为例展开实施论述，具体设计如下：先完成零件的三维模型（见图 5-19），再由各个零件组装完成部件图（见图 5-20），修改定型后分别出零件工程图（见图 5-21）及部件工程图（见图 5-22）。

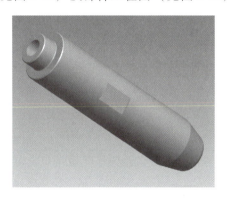 

图 5-19　典型零件三维模型　　　　　　　图 5-20　典型部件三维模型

3. 控制系统

控制系统采用的是以三菱可编程序控制器为核心的控制系统，它主要由主控制箱、主操作盒等组成。主控制箱是控制的中心，由 PLC 对整个系统进行控制与管理，主要完成生产线各工位的协调控制。主操作盒完成系统的启动、预约、停止等操作，每工位配有报警用的警示灯（三色）及安全监测装置。

五、设备的安装调试

当生产线各部件的零件按照图样加工完成，各种元器件采购到位后，即可进入整条生产线的安装调试阶段，本阶段主要由钳工、电工、机器人示教工及电气工程师完成。

六、技术资料整理

技术资料包括图样资料、说明书及用户交付资料等。

设备的保养说明如下。

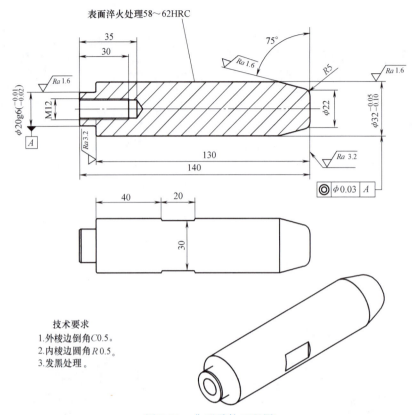

图 5-21　典型零件工程图

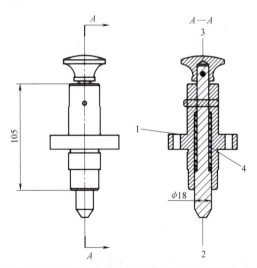

6	GB/T 119—2000	圆柱销6×35	1	钢	0.008	0.008	标准件
5	GB/T 119—2000	圆柱销6×20	1	钢	0.004	0.004	标准件
4	RA47601010100-05	压缩弹簧	1	65Mn	0.006	0.006	标准件
3	RA47601010100-04	手柄	1	Q235A	0.121	0.121	
2	RA47601010100-03	定位销	1	45	0.172	0.172	
1	RA47601010100-02	定位套	1	45	0.778	0.778	
序号	代号	名称	数量	材料	单件重量	总重量	附注

图 5-22　典型部件工程图

1. 日常保养（见表 5-8）

表 5-8 日常保养

序号	检查周期	检查部位	检查保养内容
1	每天	供电电压	检查供电电压是否在设备运行所要求的电压范围之内
2	每天	接地	设备接地是否良好，屏蔽接地是否良好
3	每天	使用环境	检查工作环境是否在设备运行所要求的电压范围之内
4	每天	设备外观	外观是否良好，因焊接过程中存在飞溅，应及时清洁设备
5	每天	安全装置	安全装置是否完好，并确认其作用可靠
6	每天	防护装置	气缸、链条、电缆护罩等是否安全有效
7	每天	压缩空气源	是否达到使用压力、流量等，检查滤清器是否清洁
8	每天	设备散热系统	各控制柜散热系统是否工作正常，风道是否无堵塞，滤网是否清洁
9	每天	电动机	是否有过大噪声、振动发生
10	每天	限位	各限位开关是否良好，工作是否正常
11	每天	紧急停止	紧急停止按钮工作是否正常
12	每天	伺服系统	伺服单元工作是否正常，且无报警
13	每天	操作控制器	是否运行正常，防尘罩是否清洁无破损

2. 定期保养（见表 5-9）

表 5-9 定期保养

序号	检查周期	检查部位	检查内容
1	每周	三联体	最高使用压力：1MPa；油雾器用油：透平 1 号油；2 年或压力低于 0.15MPa 时更换滤芯；排水、排油等工作状态是否正常
2	每周	气缸	连接是否可靠，有无漏气、爬行现象
3	每周	清枪装置	铰刀是否破损，喷雾单元上是否有焊渣并清理，硅油瓶内是否有油并及时添加，及时倒掉废油瓶内的废油和剪丝盒内的焊丝头
4	每月	电动机	是否有异常噪声、振动现象
5	半年	轴承油杯	润滑油是否充足
6	半年	设备外观	设备整体外观是否完好，护罩是否有破损，整体清洁设备
7	一年	设备精度	设备精度是否达到工作要求，进行适当的精度调整
8	一年	电器元件、电缆	电器元件是否工作正常，电缆是否断线、破皮

【知识拓展】

工业机器人技术在自动生产线中的应用

一、工业机器人自动生产线应用范围

凡是包括机械装配、切削加工、焊接、热处理、冲压、锻造、铸造的自动生产线，以及包装、检验、装配、加工、毛坯制造的自动生产线都可以使用工业机器人。

二、工业机器人控制设计

工业机器人工位任务固定，操作与控制需要结合其工位要求设计。如某汽车车架生产就需要结合其生产流程、生产组织设计。首先需要研究车架焊接要求与工艺，随后根据工艺要求总结焊缝数量与焊接点数量，依此确定机器人的工作范围与工作特点，归类车架焊缝与焊点，掌握车架焊接所需机器人数量与工位数量。其次在得知焊接要求、焊接工艺的基础上，

使用工业机器人编程语言编程。一般来说编程方法通常只有两种，第一种为示教器编程，第二种为软件离线编程，目前使用较多的是第一种方式。

三、工业机器人自动生产线技术

所谓的工业机器人自动生产线实际上就是将自动化生产设备、技术运用于机械装置，从而打造以机器人为主体，结合了网络技术、信息技术与其他各种生产装置的自动化生产线。可以说工业机器人标志着制造业的进步，是数字技术、信息技术、自动生产技术的结合体。该技术以智能化为代表，技术表现如下。

1）机器人技术应用了远程控制方式。这是现代技术、网络技术的代表，能够远距离操作与控制工业机器人，实现生产线的全方位监控与检测，保障了工业生产线产品生产质量与效率。该技术使得工业生产效率、质量得到了确定性保障，能够帮助工业生产实现自我调整与自我控制。

2）资源管理系统。该系统能够连接企业与制造工艺资源，进而全面提高与更新工业技术，实现生产技术实时监测，保障了生产制造的自动化、信息化。工业机器人技术的应用提升了生产线的安装精度、安装质量，打造了透明化生产流程。该技术解决了智能管理要求，能够单独处理与指导不同环节需要，有效处理各类临时性问题。

3）自动柔性管理技术。因企业的生产控制、管理流程非常复杂，所以需要柔性自动化技术与控制一体化技术的支持。自动柔性管理技术正是这么一种能够建立系统功能、系统结构模型的技术，实现了系统开放性控制，同时也保障了信息管理的无缝衔接。绝大多数工业机器人都会配备信息输入与信息输出模块，以此保障工作人员能够可靠、轻松地操作机器人。如 ABB 工业机器人一般会单独装配输入模块 DSQC651，完成与系统的可靠连接。

自动化技术、信息技术、机器人技术已经成为现代社会的标志性技术。工业机器人在这样的背景下产生并改变了人们的生活工作方式。可以说工业机器人带给社会生产颠覆性的改变，对工业生产而言有着革命性意义。当然在人们生活水平越发提高的未来，人们对工业机器人的要求也会进一步提高。

【任务小结】

工业机器人自动生产线一般由机械本体、检测及传感器、控制系统、执行机构、动力源及工业机器人等部件组成。通过本任务的实施，学生可以了解工业机器人自动生产线的基础知识，掌握工业机器人自动生产线设计过程及要点，并具备工业机器人自动生产线设备维护的能力。

项目测评

一、理论题

1. 工业机器人自动生产线主要由如下几部分组成：_____、_____、_____、_____、_____等。

2. 机械结构设计行业的大体趋势都是由传统平面设计转向三维结构设计，目前市场上主流的设计软件主要有_____、_____、_____等。

3. _____是机械工程的重要组成部分，_____是机械生产的第一步。
4. 设备的保养一般分为_____和_____，都应附有详细的保养说明。

二、实践题

请写出机器人自动生产线的整个设计流程，包含每一步的关键知识点及注意事项。

项目小结

通过本项目的学习，学生应该对工业机器人自动生产线的相关知识有了一定的了解，知道工业机器人生产线的基本组成及控制原理，对整个工业机器人生产线的设计流程有了一定的认知，掌握简单零部件的设计计算流程、工艺规划流程等知识。对工作任务的实施过程进行任务评价，通过任务评价让学生巩固和拓展职业岗位相关知识。

参 考 文 献

[1] 张明文. 工业机器人基础与应用 [M]. 北京：机械工业出版社，2018.
[2] 叶晖，等. 工业机器人实操与应用技巧 [M]. 2版. 北京：机械工业出版社，2017.
[3] 邓三鹏. ABB工业机器人编程与操作 [M]. 北京：机械工业出版，2018.
[4] 杨杰忠. 工业机器人操作与编程 [M]. 北京：机械工业出版社，2019.
[5] 何成平，董诗绘. 工业机器人操作与编程技术 [M]. 北京：机械工业出版社，2019.
[6] 余明洪. 工业机器人操作与编程 [M]. 北京：机械工业出版社，2020.
[7] 蒋庆斌，陈小艳. 工业机器人现场编程 [M]. 2版. 北京：机械工业出版社，2019.
[8] 韩鸿鸾. 工业机器人操作与应用一体化教程 [M]. 西安：西安电子科技大学出版社，2020.
[9] 上海ABB工程有限公司. ABB工业机器人实用配置指南 [M]. 北京：电子工业出版社，2019.
[10] 龚仲华，龚晓雯. ABB工业机器人编程全集 [M]. 北京：人民邮电出版社，2018.
[11] 刘志东. 工业机器人技术与应用 [M]. 西安：西安电子科技大学出版社，2020.

高等职业教育工业机器人技术系列教材

工业机器人操作与编程
工 作 页

高 丹 田 超 主编

机械工业出版社

目 录

项目一 工业机器人的认知与操作 ·· 1
    任务一 特定行业工业机器人选型、建立工具坐标 ··· 1
        【任务目标】 ·· 1
        【任务内容】 ·· 1
        【必备知识】 ·· 1
        【任务实施】 ·· 2
        【评价与反馈】 ·· 3
    任务二 ABB工业机器人手动操作 ·· 4
        【任务目标】 ·· 4
        【任务内容】 ·· 4
        【必备知识】 ·· 4
        【任务实施】 ·· 5
        【评价与反馈】 ·· 5

项目二 搬运类工业机器人的应用编程 ·· 7
    任务一 搬运机器人的典型应用编程 ··· 7
        【任务目标】 ·· 7
        【任务内容】 ·· 7
        【必备知识】 ·· 7
        【任务实施】 ·· 9
        【评价与反馈】 ·· 9
    任务二 数控上下料机器人的典型应用编程 ··· 10
        【任务目标】 ·· 10
        【任务内容】 ·· 11
        【必备知识】 ·· 11
        【任务实施】 ·· 13
        【评价与反馈】 ·· 13
    任务三 码垛机器人的典型应用编程 ··· 15
        【任务目标】 ·· 15
        【任务内容】 ·· 15
        【必备知识】 ·· 15
        【任务实施】 ·· 16
        【评价与反馈】 ·· 16

项目三 打磨类（去毛刺）工业机器人的应用编程 ·· 18
    任务 去毛刺工业机器人的典型应用编程 ·· 18
        【任务目标】 ·· 18
        【任务内容】 ·· 18

【必备知识】 18
　　【任务实施】 19
　　【评价与反馈】 19

项目四　焊接类工业机器人的应用编程 21
　任务一　弧焊机器人的典型应用编程 21
　　【任务目标】 21
　　【任务内容】 21
　　【必备知识】 21
　　【任务实施】 22
　　【评价与反馈】 23
　任务二　点焊机器人的典型应用编程 24
　　【任务目标】 24
　　【任务内容】 24
　　【必备知识】 24
　　【任务实施】 26
　　【评价与反馈】 27

项目五　工业机器人自动生产线的设计 29
　任务　工业机器人自动生产线的设计过程 29
　　【任务目标】 29
　　【任务内容】 29
　　【必备知识】 29
　　【任务实施】 31
　　【评价与反馈】 31

项目一　工业机器人的认知与操作

任务一　特定行业工业机器人选型、建立工具坐标

【任务目标】

一、知识目标

1. 学会工业机器人系统组成相关知识。
2. 学会工业机器人控制方式和性能指标（自由度、负载、运动范围、工作速度、精度）知识。
3. 学会工业机器人的机械结构知识。

二、技能目标

1. 能按照工作任务进行信息搜索，查找工业机器人的品牌、型号。
2. 能根据工艺要求对工业机器人选型。
3. 能设定工业机器人工具坐标。

【任务内容】

以实训区搬运、码垛、喷涂、焊接行业工业机器人工作站为例进行分析，分组对整个系统组成、性能指标进行分析，对现有的工业机器人进行替换，按实际生产工艺完成工业机器人选型并建立工具坐标。

【必备知识】

1. 工业机器人性能指标——自由度

自由度是指机器人操作机在空间运动所需的变量数，用以表示机器人动作灵活程度的参数，一般是以沿轴线移动和绕轴线转动的独立运动的数目来表示。工业机器人往往是个开式连杆系，每个关节运动副只有一个自由度，因此通常工业机器人的自由度数目就等于其关节数。机器人的自由度数目越多，功能就越强。目前工业机器人通常具有 4~6 个自由度。当机器人的关节数（自由度）增加到对末端执行器的定向和定位不再起作用时，便出现了冗余自由度。冗余自由度的出现增加了机器人工作的灵活性，但也使控制变得更加复杂。

工业机器人在运动方式上，可以分为直线运动（简记为 P）和旋转运动（简记为 R）两种，应用简记符号（P 和 R）可以表示操作机运动自由度的特点，如 RPRR 表示机器人操作机具有四个自由度，从基座开始到臂端，关节运动的方式依次为旋转-直线-旋转-旋转。此外，工业机器人的运动自由度还受运动范围的限制。

2. 工业机器人性能指标——精度

工业机器人的精度是指定位精度和重复定位精度。定位精度是指机器人手部实际到达位置与目标位置之间的差异,可用反复多次测试的定位结果的代表点与指定位置之间的距离来表示。重复定位精度是指机器人重复定位手部于同一目标位置的能力,以实际位置值的分散程度来表示。实际应用中常以重复测试结果的标准偏差值的3倍来表示,它是衡量一列误差值的密集度。

3. 工业机器人性能指标——运动范围

选择工业机器人时,需要了解工业机器人要到达的最大距离。选择工业机器人不单要关注负载,还要关注其最大运动范围。每一个公司都会给出机器人的运动范围,可以从中看出是否符合实际应用的需要。最大垂直运动范围是指机器人腕部能够到达的最低点(通常低于机器人的基座)与最高点之间的范围。最大水平运动范围是指机器人腕部水平运动能到达的最远点与机器人基座中心线之间的距离。

4. 工业机器人性能指标——工作速度

工作速度对于不同的用户需求也不同。它取决于完成工作需要的时间。规格表上通常只给出最大工作速度,机器人能提供的工作速度介于0和最大工作速度之间。其单位通常为°/s。一些机器人制造商还给出了最大加速度。

5. 工业机器人性能指标——负载力

负载是指机器人在工作时能够承受的最大载重。如果将零件从机器的一处搬至另外一处,就需要将零件的重量和机器人抓手的重量计算在负载内。

6. 工具坐标系

工具坐标系用来确定工具的位姿,它由工具中心点(TCP)与坐标方位组成,运动时TCP会严格按程序指定路径和速度运动。所有机器人在手腕处都有一个预定义工具坐标系,如果工业机器人为智能制造企业应用最多的6轴机器人,则默认工具too10中心点位于6轴中心,这样就能将一个或多个新工具坐标系定义为too10的偏移值。工具坐标系必须事先进行设定,在没有定义的时候,将由默认工具坐标系来替代该坐标系。

【任务实施】

请根据任务内容分小组制订工作计划,按实际完成工作计划的情况,填写表1-1所示工作页。

表1-1 工作页

时间		年 月 日	工作地点	
班级		组别	班组成员	
姓名		出勤情况	成绩	
工作计划实施步骤	步骤1:分组了解实训区或企业工业机器人工作站周边环境。 步骤2:认真学习工业机器人操作的安全规范、职业操作规范、9S(整理、整顿、清扫、清洁、节约、安全、服务、满意、素养)管理。 步骤3:在实训区或企业现场(或视频)观看各种工业机器人工作站完成特定工作任务的工艺流程。 步骤4:分别对搬运、码垛、喷涂、焊接行业工作站工业机器人选型。 步骤5:按工业机器人安全规范操作,实现工具坐标设定。 步骤6:对设定的工具坐标做记录。			

（续）

学习收获与体会	我完成了	
	我学会了	
	我收获的经验	
	我吸取的教训	

【评价与反馈】

一、自我评价（40分）

由学生根据工作任务完成情况进行自我评价，评分值记录于表1-2中。

表1-2 自我评价表

工作内容	配分	评分标准	扣分	得分
1. 安全意识	10分	1. 不遵守安全规范要求，扣2~5分 2. 有其他违反安全操作规范的行为，扣2分		
2. 在实训区或企业现场（或视频）观看各种工业机器人工作站完成特定工作任务的工艺流程	20分	画表列出搬运、码垛、喷涂、焊接行业工业机器人的工艺流程和工艺要求，有错误或遗漏每处扣5分		
3. 分别对搬运、码垛、喷涂、焊接行业工作站工业机器人选型	30分	1. 描述实训区搬运、码垛、喷涂、焊接工作站的各种工业机器人的性能指标，有错误或遗漏每处扣2分 2. 根据现场工艺流程完成搬运、码垛、喷涂、焊接等工作站选择工业机器人型号，有错误或遗漏每处扣2分		
4. 按工业机器人安全规范操作，实现工具坐标设定	30分	为工业机器人设定工具坐标，步骤错误扣5分，没有完成不得分		
5. 职业规范和环境保护	10分	1. 在工作过程中工具和器材摆放凌乱，扣3分 2. 不爱护设备、工具，不节约材料，扣3分 3. 在工作完成后不清理现场，在工作中产生的废弃物不按规定处置，各扣2分		

总评分 =（总分）×40%

签名： 年 月 日

二、小组评价（30分）

同一实训小组的同学结合自评的情况进行互评，将评分值记录于表1-3中。

表 1-3 小组评价表

项目内容	配分	评分
1. 实训记录与自我评价情况	30 分	
2. 口述实训区任意一种 6 轴工业机器人的机械结构	30 分	
3. 相互帮助与协作能力	20 分	
4. 安全、质量意识与责任心	20 分	
	总评分=（总分）×30%	
	签名： 年 月 日	

三、教学评价（30 分）

指导教师结合自评与互评的结果进行综合评价，并将评价意见与评分值记录于表 1-4 中。

表 1-4 教师评价表

教师总体评价意见
教师评分(100 分)：
总评分=（教师评分）×30%
签名： 年 月 日

任务二　ABB 工业机器人手动操作

【任务目标】

一、知识目标

1. 学会 ABB 工业机器人示教器菜单和快捷键的相关知识。
2. 了解 ABB IRB 1200、ABB IRB 2400 工业机器人控制柜的相关知识。
3. 学会线性运动、重定位运动、单轴运动的相关知识。

二、技能目标

1. 能够根据工作任务设定工具坐标 tool1。
2. 能够手动操作运行正方形轨迹。

【任务内容】

将工业机器人控制柜的工作模式设置为手动模式，示教器语言设置为中文，将速度设为 15%，手动运行一个正方形轨迹。

【必备知识】

1. 工业机器人运行模式选择

工业机器人运动模式有自动模式、手动模式、全速模式三种，将控制柜上机器人状态钥匙切换到中间的手动模式，ABB 菜单中选择"手动操纵"。

2. 手动操纵轴运动

ABB 六轴工业机器人是由六个伺服电动机分别驱动机器人的六个关节轴,每次手动操纵一个关节轴的运动,就称之为单轴运动。操作方法:在"手动操纵动作模式"界面中选择"轴1-3"(或"轴4-6"),然后单击"确定"。

3. 手动操纵线性运动

工业机器人的线性运动是指安装在工业机器人第六轴法兰盘上的工具 TCP 在空间中做线性运动。操作方法:在"手动操纵动作模式"界面中选择"线性",然后单击"确定"。

4. 手动操纵重定位运动

工业机器人的重定位运动是指工业机器人第六轴法兰盘上的工具 TCP 点在空间中绕着坐标轴旋转的运动,也可以理解为机器人绕着工具 TCP 点做姿态调整的运动。操作方法:在"手动操纵"-"动作模式"界面中选择"重定位",然后单击"确定"。

5. 手动操纵速度设置

示教器的显示屏上以百分比显示机器人当前运行速率。操作方法:利用导航键中的 List 键切换到窗口的上半部,再将光标移至运行速率,此时功能键上出现"-%""+%""25%"与"100%"四个选项,通过功能键即可更改机器人的运动速率,选择范围为 1%~100%。

【任务实施】

请根据工作任务分小组制订工作计划,按实际完成工作计划的情况,填写表 1-5 工作页。

表 1-5 工作页

时间		年　月　日		工作地点		
班级		组别		班组成员		
姓名		出勤情况			成绩	
工作计划实施步骤		步骤1:设置工业机器人控制柜的工作模式为手动模式。 步骤2:将示教器语言设为中文。 步骤3:手动操纵的运行速率设置为15%。 步骤4:手动操纵练习"线性运动""重定位运动""单轴运动"。 步骤5:手动操纵运行一个正方形轨迹				
学习收获与体会	我完成了					
	我学会了					
	我收获的经验					
	我吸取的教训					

【评价与反馈】

一、自我评价(40 分)

由学生根据工作任务完成情况进行自我评价,评分值记录于表 1-6 中。

表 1-6 自我评价表

工作内容	配分	评分标准	扣分	得分
1. 安全意识	10 分	1. 不遵守安全规范要求,扣 2~5 分 2. 有其他违反安全操作规范的行为,扣 2 分		
2. 设置工业机器人控制柜的工作模式为手动模式	10 分	机器人控制柜的工作模式识别错误不得分		
3. 将示教器语言设为中文	10 分	示教器语言设置错误不得分		
4. 手动操纵的运行速率设置为 15%	10 分	手动操纵运行速率更改不正确扣 5 分,没有完成不得分		
5. 手动操纵"线性运动""重定位运动""单轴运动"	25 分	分别完成线性运动、重定位运动、单轴运动,操作步骤错误扣 5 分,操作不规范扣 2 分,没有完成不得分		
6. 手动操纵运行一个正方形轨迹	25 分	运行正方形轨迹图形不闭合、形状不规范扣 5 分,没有完成不得分		
7. 职业规范和环境保护	10 分	1. 在工作过程中工具和器材摆放凌乱,扣 3 分 2. 不爱护设备、工具,不节约材料,扣 3 分 3. 在工作完成后不清理现场,在工作中产生的废弃物不按规定处置,各扣 2 分		

总评分 =(总分)×40%

签名:　　　　年　月　日

二、小组评价(30 分)

同一实训小组的同学结合自评的情况进行互评,将评分值记录于表 1-7 中。

表 1-7 小组评价表

项目内容	配分	评分
1. 实训记录与自我评价情况	30 分	
2. 口述 ABB 示教器硬件按钮的作用	30 分	
3. 相互帮助与协作能力	20 分	
4. 安全、质量意识与责任心	20 分	

总评分 =(总分)×30%

签名:　　　　年　月　日

三、教学评价(30 分)

指导教师结合自评与互评的结果进行综合评价,并将评价意见与评分值记录于表 1-8 中。

表 1-8 教师评价表

教师总体评价意见

教师评分(100 分):

总评分 =(教师评分)×30%

签名:　　　　年　月　日

项目二　搬运类工业机器人的应用编程

任务一　搬运机器人的典型应用编程

【任务目标】

一、知识目标

1. 了解搬运机器人的分类及特点。
2. 掌握搬运机器人的系统组成及其功能。
3. 熟悉搬运机器人作业示教的基本流程。

二、技能目标

1. 能按照工作任务进行信息搜索。
2. 能对搬运机器人的工艺要求有所了解。
3. 能够进行搬运机器人的简单作业示教。

【任务内容】

以实训区搬运机器人工作站为例进行实训，分组完成工作站系统组成的了解、工业机器人的手动操作、基本指令的应用、标准 I/O 板 DSQC652 的配置，最后编写简单搬运程序并调试。

【必备知识】

1. ABB 工业机器人的基本运动指令

常用基本运动指令有：直线运动指令（MoveL）、关节运动指令（MoveJ）、圆弧运动指令（MoveC）。

（1）直线运动指令的应用

直线由起点和终点确定，因此当机器人的运动路径为直线时使用直线运动指令 MoveL，只须示教确定运动路径的起点和终点。

例如，MoveL p1, v100, z10, tool1;（直线运动起始点程序语句）

采用 Offs 函数确定运动路径的准确数值。

机器人的运动路径如图 2-1 所示，机器人从起始点 p1，经过 p2、p3、p4 点，回到起始点 p1。

为了精确确定 p1、p2、p3、p4 点，可以采用 Offs 函数，通过确定参变量的方法进行点的精确定位。

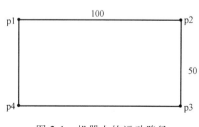

图 2-1　机器人的运动路径

Offs（p, x, y, z）代表一个离 p1 点 X 轴偏差量为 x，Y 轴偏差量为 y，Z 轴偏差量为 z 的点。

将光标移至目标点，按"Enter"键，选择 Func，采用切换键选择所用函数，并输入数值。如 p3 点程序语句为：

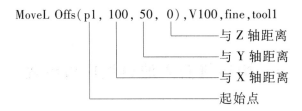

机器人长方形路径的程序如下：
MoveL Offsp1, v100, fine, tool1;   p1
MoveL Offs（p1, 100, 0, 0）, v100, fine, tool1;   p2
MoveL Offs（p1, 100, 50, 0）, v100, fine, tool1;   p3
MoveL Offs（p1, 0, 50, 0）, v100, fine, tool1;   p4
MoveL Offsp1, v100, fine, tool1;   p1

（2）关节运动指令的应用

程序一般起始点使用 MoveJ 指令。机器人将 TCP 沿最快速轨迹送到目标点，机器人的姿态会随意改变，TCP 路径不可预测。机器人最快速的运动轨迹通常不是最短的轨迹，因而关节轴运动不是直线运动。由于机器人关节轴的旋转运动，弧形轨迹会比直线轨迹更快。

运动特点：运动的具体过程是不可预见的；六个轴同时启动并且同时停止。

使用 MoveJ 指令可以使机器人的运动更加高效快速，也可以使机器人的运动更加柔和，但是关节轴运动轨迹是不可预见的，所以使用该指令务必确认机器人与周边设备不会发生碰撞。

指令格式：
MoveJ[\Conc,]ToPoint,Speed[\V] [\T],Zone[\Z] [\Inpos],Tool[\Wobj];

机器人以最快捷的方式运动至目标点，机器人运动状态不完全可控，但运动路径保持唯一，常用于机器人在空间内大范围移动。

（3）圆弧运动指令的应用

圆弧由起点、中点和终点三点确定，使用圆弧运动指令 MoveC，需要示教确定运动路径的起点、中点和终点。圆弧运动路径如图 2-2 所示。

起点为 p0，也就是机器人的原始位置，使用 MoveC 指令会自动显示需要确定的另外两点，即中点和终点，程序语句如下：

MoveC p1,p2,v100,z1,tool1;

与直线运动指令 MoveL 一样，也可以使用 Offs 函数精确定义运动路径。

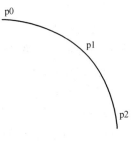

图 2-2　圆弧运动路径

2. 输入输出指令

do 指机器人输出信号，di 指输入机器人信号。

输入输出信号有两种状态："1"为接通；"0"为断开。
1）设置输出信号指令：Set   do1。
2）复位输出信号指令：Reset   do1。
3）输出脉冲信号指令：PulseDO   do1。

【任务实施】

请根据工作任务分小组制订工作计划，按实际完成工作计划的情况，填写表2-1工作页。

表2-1 工作页

时间		年 月 日	工作地点	
班级		组别	班组成员	
姓名		出勤情况	成绩	
工作计划实施步骤		步骤1：分组了解实训区工业机器人工作站及周边环境。 步骤2：认真学习工业机器人操作的安全规范、职业操作规范、9S管理。 步骤3：配置ABB标准I/O板DSQC652。 步骤4：配置输入输出信号，并测试。 步骤5：编写搬运程序并示教。 步骤6：测试程序		
学习收获与体会	我完成了			
	我学会了			
	我收获的经验			
	我吸取的教训			

【评价与反馈】

一、自我评价（40分）

由学生根据工作任务完成情况进行自我评价，评分值记录于表2-2中。

表2-2 自我评价表

工作内容	配分	评分标准	扣分	得分
1. 安全意识	10分	1. 不遵守安全规范要求，扣2~5分 2. 有其他违反安全操作规范的行为，扣2分		
2. 配置ABB标准I/O板DSQC652，配置输入输出信号，并测试	40分	1. 正确配置标准I/O板DSQC652，参数有错误或遗漏每处扣2分 2. 按照搬运工作站需求配置输入输出信号，并测试，有错误或遗漏每处扣2分		

(续)

工作内容	配分	评分标准	扣分	得分
3. 按工业机器人安全规范操作，编写搬运程序，示教搬运功能	40分	编写搬运程序，并示教抓取点和放置点，未实现放置扣10分；未实现抓取不得分；发生碰撞本任务为0分		
4. 职业规范和环境保护	10分	1. 在工作过程中工具和器材摆放凌乱，扣3分 2. 不爱护设备、工具，不节约材料，扣3分 3. 在工作完成后不清理现场，在工作中产生的废弃物不按规定处置，各扣2分		

总评分=(总分)×40%

签名： 年 月 日

二、小组评价（30分）

同一实训小组的同学结合自评的情况进行互评，将评分值记录于表2-3中。

表2-3 小组评价表

项目内容	配分	评分
1. 实训记录与自我评价情况	30分	
2. 程序编写与示教	30分	
3. 相互帮助与协作能力	20分	
4. 安全、质量意识与责任心	20分	

总评分=(总分)×30%

签名： 年 月 日

三、教学评价（30分）

指导教师结合自评与互评的结果进行综合评价，并将评价意见与评分值记录于表2-4中。

表2-4 教师评价表

教师总体评价意见

教师评分(100分)：

总评分=(教师评分)×30%

签名： 年 月 日

任务二　数控上下料机器人的典型应用编程

【任务目标】

一、知识目标

1. 了解数控上下料机器人的行业应用。

2. 掌握数控上下料机器人的系统组成及其功能。
3. 熟悉数控上下料机器人作业示教的基本流程。

二、技能目标

1. 学会轨迹路线示教编程及操作技能。
2. 学会 TCP 标定及工业机器人基本操作。
3. 学会模拟上下料示教编程及操作技能。

【任务内容】

以实训区工业机器人工作站模拟数控上下料操作为例进行实训，分组完成工作站系统组成的了解、TCP 的标定、轨迹路线的示教，最后按照模拟数控上下料工艺要求编写程序并调试。

【必备知识】

1. 工作站的组成

数控上下料机器人工作站由工业机器人、实训台、物料块等组成，如图 2-3 所示。

图 2-3 数控上下料机器人工作站

2. ABB 机器人

本任务工作站采用型号为 ABB IRB120 的六自由度工业机器人（简称 IRB120），与其配套的机器人控制柜型号为 IRC5。IRB120 机器人是迄今最小的多用途机器人，已经获得 IPA 机构"ISO5 级洁净室（100 级）"的达标认证，能够在严苛的洁净室环境中充分发挥优势。IRB120 机器人本体的安装角度不受任何限制；机身表面光洁，便于清洗；空气管线与用户信号线缆从底脚至手腕全部嵌入机身内部，易与机器人集成。由于其出色的便携性和集成性，使 IRB120 机器人成为同类产品中的佼佼者。

IRB120 机器人包括机械系统、控制系统和驱动系统三大重要组成部分。其中，机械系统为机器人本体，是机器人的支撑基础和执行机构，包括基座、臂部、腕部；控制系统是机器人的大脑，是决定机器人功能和性能的主要因素，主要功能主要是根据作业指令程序预计从传感器返回的信号，从而控制机器人在工作空间的位置运动、姿态和轨迹规划、操作顺序及动作时间等；驱动系统是指驱动机械系统动作的驱动装置。

本工作站机器人控制柜配置的通信 I/O 模块型号为 DSQC652。通信 I/O 模块连接的外部设备包括夹爪和吸盘。数字 I/O 信号定义如表 2-5 所示。

表 2-5 数字 I/O 信号定义表

输出信号	功能
do1	值为 1 时夹爪夹紧,值为 0 时松开
do2	值为 1 时吸盘吸取,值为 0 时松开

3. 实训台

1) 气压控制单元。气压控制单元由滑动开关、空气过滤元件和调压阀组成。当滑动开关滑到右侧时,气路打开,滑到左侧气路关闭;调压阀调整气压操作需要先将旋钮向上拔起,然后顺时针旋转旋钮降低气压,逆时针旋转旋钮升高气压。若旋钮未拔起,旋转旋钮不能调节气压大小。

2) 轨迹路线模块。轨迹路线模块如图 2-4 所示。

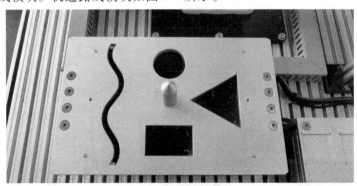

图 2-4 轨迹路线模块

轨迹路线模块包含:一个 TCP 对位点;不同几何形状的孔,可用于编辑、调试不同的轨迹程序;3 个物料块堆放点,可作为熟练机器人操作和编程的初步练习。

3) 模拟冲压模块。模拟冲压模块由一个长程气缸推动的模拟模具(包含一台下料气缸)和模拟冲压机构(包含一个并式送料架和一台冲压气缸)组成,如图 2-5 所示。

模拟冲压模块工作原理是:当模拟冲压模块起动后,长程气缸推动模拟模具向模拟冲压机构移动,直到模拟模具与模拟冲压机构贴紧后,冲压气缸才起动工作,将一个物料块送入模拟模具内,从而实现模拟的冲压过程;在冲压结束后由一台下料气缸将物料块推出,等待机器人将物料块取走。

图 2-5 模拟冲压模块

4) 工件识别模块。工件识别模块如图 2-6 所示。模块上安装有 1 个欧姆龙传感器,机器人夹取后通过传感器检测是否夹取成功。如果夹取成功,则冲压模块进行下一个工件的冲压;如果夹取失败,则冲压模块停止工作。

5) 多功能夹具。本工作站配置有三种夹具:吸盘、夹手、尖锥,分别对应模式 A、模式 B、模式 C 的操作。三种夹具的外形如图 2-7 所示。

项目二 搬运类工业机器人的应用编程

图 2-6 工件识别模块

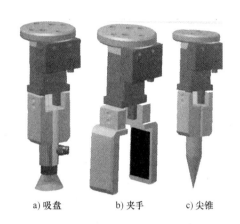

a) 吸盘　　　b) 夹手　　　c) 尖锥

图 2-7 多功能夹具

【任务实施】

请根据工作任务分小组制订工作计划,按实际完成工作计划的情况,填写表 2-6 工作页。

表 2-6 工作页

时间		年　月　日	工作地点	
班级		组别	班组成员	
姓名		出勤情况	成绩	
工作计划实施步骤		步骤1:分组了解实训区工业机器人工作站及周边环境。 步骤2:认真学习工业机器人操作的安全规范、职业操作规范、9S 管理。 步骤3:TCP 标定。 步骤4:按照轨迹路线示教编程。 步骤5:模拟数控上下料示教编程。 步骤6:测试程序		
学习收获与体会	我完成了			
	我学会了			
	我收获的经验			
	我吸取的教训			

【评价与反馈】

一、自我评价（40 分）

首先由学生根据工作任务完成情况进行自我评价,评分值记录于表 2-7 中。

表 2-7　自我评价表

工作内容	配分	评分标准	扣分	得分
1. 安全意识	10 分	1. 不遵守安全规范要求，扣 2~5 分 2. 有其他违反安全操作规范的行为，扣 2 分		
2. TCP 标定	20 分	1. 正确建立工具坐标 Tool1；不能使用四点法新建工具 TCP，扣 20 分 2. 设定 TCP 有遗漏或错误，每处扣 5 分 3. 不能使用重定位测试 TCP，扣 5 分		
3. 按照给定的轨迹路线示教编程	20 分	轨迹路线示教编程，轨迹不平滑每处扣 2 分 发生碰撞本任务为 0 分		
4. 按工业机器人安全规范操作，实现模拟数控上下料的功能	40 分	示教编写数控上下料程序，未实现功能此项不得分 发生碰撞本任务为 0 分		
5. 职业规范和环境保护	10 分	1. 在工作过程中工具和器材摆放凌乱，扣 3 分 2. 不爱护设备、工具，不节约材料，扣 3 分 3. 在工作完成后不清理现场，在工作中产生的废弃物不按规定处置，各扣 2 分		

总评分 =（总分）×40%

签名：　　　　　　年　月　日

二、小组评价（30 分）

同一实训小组的同学结合自评的情况进行互评，将评分值记录于表 2-8 中。

表 2-8　小组评价表

项目内容	配分	评分
1. 实训记录与自我评价情况	30 分	
2. 程序编写与示教	30 分	
3. 相互帮助与协作能力	20 分	
4. 安全、质量意识与责任心	20 分	

总评分 =（总分）×30%

签名：　　　　　　年　月　日

三、教学评价（30 分）

指导教师结合自评与互评的结果进行综合评价，并将评价意见与评分值记录于表 2-9 中。

表 2-9　教师评价表

教师总体评价意见

教师评分（100 分）：

总评分 =（教师评分）×30%

签名：　　　　　　年　月　日

任务三　码垛机器人的典型应用编程

【任务目标】

一、知识目标
1. 了解码垛机器人的分类及特点。
2. 掌握码垛机器人的系统组成及其功能。
3. 熟悉码垛机器人作业的基本流程。

二、技能目标
1. 能对码垛机器人的工艺要求有所了解。
2. 能够进行码垛机器人的简单作业示教，会编写简单的码垛程序。

【任务内容】

以实训区工业机器人工作站码垛操作为例进行实训，分组学习工作站系统组成，练习使用循环指令、停止指令等，最后按照码垛工艺要求编写程序并调试。

【必备知识】

1. 程序流程指令

1）判断执行指令 IF。

2）循环执行指令 WHILE。循环执行指令运行时，机器人循环直到不满足判断条件后，程序才跳出循环指令，执行后面的指令。

3）FOR 循环指令。该指令可以重复执行，用于一个或多个指令需要重复执行多次的情况，指令格式为

FOR　i　FROM　1　TO　10　DO　//表示 i 从 1 到 10，重复执行 10 次
　　指令　　　　　　　　　　　//需要循环的指令
ENDFOR

2. 机器人停止指令

Stop 指令：机器人停止运行，软停止指令，直接在下一句指令起动机器人。

Exit 指令：机器人停止运行，并且复位整个运行程序，将程序指针移至主程序第一行。下次运行程序时，机器人程序必须从头开始。

3. 赋值指令

Date　:　=　Value；

Date：指被赋值的数据；

Value：指该数据被赋予的值。

4. 等待指令

WaitTime　Time；

等待指令是让机器人运行到该程序时等待一段时间（Time 为机器人等待的时间）。

【任务实施】

请根据工作任务分小组制订工作计划,按实际完成工作计划的情况,填写表 2-10 工作页。

表 2-10 工作页

时间		年　　月　　日	工作地点	
班级		组别	班组成员	
姓名		出勤情况		成绩	
工作计划实施步骤	步骤1:分组了解实训区工业机器人工作站及周边环境。 步骤2:认真学习工业机器人操作的安全规范、职业操作规范、9S管理。 步骤3:创建子程序。 步骤4:按照码垛位置示教。 步骤5:创建主程序并调用子程序。 步骤6:测试程序			
学习收获与体会	我完成了			
	我学会了			
	我收获的经验			
	我吸取的教训			

【评价与反馈】

一、自我评价(40分)

由学生根据工作任务完成情况进行自我评价,评分值记录于表 2-11 中。

表 2-11 自我评价表

工作内容	配分	评分标准	扣分	得分
1. 安全意识	10分	1. 不遵守安全规范要求,扣2~5分 2. 有其他违反安全操作规范的行为,扣2分		
2. 创建子程序和主程序	20分	1. 正确创建码垛子程序,用复制的方式创建多个子程序(共8个);有错误或遗漏每处扣2分 2. 创建主程序,实现在主程序中调用子程序,有错误或遗漏每处扣2分		
3. 按照码垛位置进行示教	20分	1. 正确示教码垛位置,有错误或遗漏每处扣2分 2. 发生碰撞本任务为0分		

（续）

工作内容	配分	评分标准	扣分	得分
4. 按工业机器人安全规范操作，实现码垛的功能	40分	1. 示教编写码垛程序，未实现码垛功能此项不得分 2. 发生碰撞本任务为0分		
5. 职业规范和环境保护	10分	1. 在工作过程中工具和器材摆放凌乱，扣3分 2. 不爱护设备、工具，不节约材料，扣3分 3. 在工作完成后不清理现场，在工作中产生的废弃物不按规定处置，各扣2分		

总评分＝（总分）×40%

签名：　　　　　年　月　日

二、小组评价（30分）

同一实训小组的同学结合自评的情况进行互评，将评分值记录于表2-12中。

表2-12　小组评价表

项目内容	配分	评分
1. 实训记录与自我评价情况	30分	
2. 程序编写与示教	30分	
3. 相互帮助与协作能力	20分	
4. 安全、质量意识与责任心	20分	

总评分＝（总分）×30%

签名：　　　　　年　月　日

三、教学评价（30分）

指导教师结合自评与互评的结果进行综合评价，并将评价意见与评分值记录于表2-13中。

表2-13　教师评价表

教师总体评价意见

教师评分(100分)：

总评分＝（教师评分）×30%

签名：　　　　　年　月　日

项目三　打磨类（去毛刺）工业机器人的应用编程

任务　去毛刺工业机器人的典型应用编程

【任务目标】

一、知识目标

1. 了解去毛刺工业机器人的分类及特点。
2. 掌握去毛刺工业机器人的系统组成及其功能。
3. 熟悉去毛刺工业机器人作业示教的基本流程。

二、技能目标

1. 能按照工作任务进行信息搜索。
2. 能对去毛刺工业机器人的工艺要求有所了解。
3. 能够进行去毛刺工业机器人的简单作业示教。

【任务内容】

以实训区去毛刺工业机器人工作站为例进行实训，分组完成工作站系统组成的了解、目标点的示教、程序的编写，然后调试去毛刺工业机器人程序。

【必备知识】

去毛刺工业机器人在进行工作时，要考虑轨迹的平滑，基本运动指令 MoveL、MoveJ、MoveC 提供了相应参数：转弯半径（fine/zone）。机器人转弯半径，即机器人在运行两句运动指令时，若设置了转弯半径，机器人会平滑地过渡。转弯半径意义为：机器人进入到设置点半径内的位置，机器人开始过渡。如果要准确到达一个位置，使用 fine。

例如，MoveL p1, v100, z10, tool1;！达到目标 p1 时，转弯半径为 10mm
　　　　MoveL p2, v100, fine, tool1;！精确到达 p2，在目标点速度降为零

如果将转弯半径设置为 z0（即转弯半径为 0mm），效果和 fine 是否一样呢？下面我们来学习一下，fine 和 z0 的区别。

轨迹上，z0 和 fine 类似。但 fine 除了准确到达外，还有一个阻止程序预读的功能。机器人运行的时候，示教器有两个图标，一个是左侧的箭头，表示程序已经读取到的行，还有一个是机器人图标，表示机器人实际在走的行。为了要实现平滑过渡等功能，机器人要预读几行代码。

如果使用了 z0，机器人在走第 3 行时，程序已经执行到 5 行，即机器人还没走到位置已经打开了 do1。

```
PROC test（）                              //第 1 行
    MoveL p0, v500, z0, tool0;            //第 2 行
    MoveL p1, v500, z0, tool0;            //第 3 行
    Set do1;                              //第 4 行
    MoveL p2, v500, z0, tool0;            //第 5 行
ENDPROC
```

如果使用了 fine，机器人在走第 3 行时，程序还在 3 行，即有了 fine，程序指针不会预读，即机器人走完第 3 行后，才会执行打开 do1。

```
PROC test（）                              //第 1 行
    MoveL p0, v500, z0, tool0;            //第 2 行
    MoveL p1, v500, fine, tool0;          //第 3 行
    Set do1;                              //第 4 行
    MoveL p2, v500, z0, tool0;            //第 5 行
ENDPROC
```

【任务实施】

请根据工作任务分小组制订工作计划，按实际完成工作计划的情况，填写表 3-1 工作页。

表 3-1　工作页

时间		年　月　日	工作地点	
班级		组别	班组成员	
姓名		出勤情况	成绩	
工作计划实施步骤		步骤 1:分组了解实训区工业机器人工作站及周边环境。 步骤 2:认真学习工业机器人操作的安全规范、职业操作规范、9S 管理。 步骤 3:手动操作机器人，配置 I/O 指令并测试。 步骤 4:编写程序并示教目标点。 步骤 5:示教程序修改(添加 I/O 指令)。 步骤 6:程序测试		
学习收获与体会	我完成了			
	我学会了			
	我收获的经验			
	我吸取的教训			

【评价与反馈】

一、自我评价（40 分）

由学生根据工作任务完成情况进行自我评价，评分值记录于表 3-2 中。

表 3-2　自我评价表

工作内容	配分	评分标准	扣分	得分
1. 安全意识	10 分	1. 不遵守安全规范要求,扣 2~5 分 2. 有其他违反安全操作规范的行为,扣 2 分		
2. 手动操作机器人,配置 I/O 指令并测试	20 分	能够正确操作机器人,正确配置 I/O 指令并测试,有错误或遗漏每处扣 5 分		
3. 编写程序并示教目标点	30 分	能够正确编写程序并示教目标点,有错误或遗漏每处扣 5 分		
4. 按工业机器人安全规范操作,实现去毛刺功能	30 分	示教程序修改(添加 I/O 指令),根据轨迹配分,有错误或遗漏每处扣 5 分 未实现功能不得分 发生碰撞本任务为 0 分		
5. 职业规范和环境保护	10 分	1. 在工作过程中工具和器材摆放凌乱,扣 3 分 2. 不爱护设备、工具,不节约材料,扣 3 分 3. 在工作完成后不清理现场,在工作中产生的废弃物不按规定处置,各扣 2 分		

总评分 =（总分）×40%

签名：　　　　　　年　月　日

二、小组评价（30 分）

同一实训小组的同学结合自评的情况进行互评,将评分值记录于表 3-3 中。

表 3-3　小组评价表

项目内容	配分	评分
1. 实训记录与自我评价情况	30 分	
2. 程序编写与示教	30 分	
3. 相互帮助与协作能力	20 分	
4. 安全、质量意识与责任心	20 分	

总评分 =（总分）×30%

签名：　　　　　　年　月　日

三、教学评价（30 分）

指导教师结合自评与互评的结果进行综合评价,并将评价意见与评分值记录于表 3-4 中。

表 3-4　教师评价表

教师总体评价意见

教师评分(100 分)：

总评分 =（教师评分）×30%

签名：　　　　　　年　月　日

项目四　焊接类工业机器人的应用编程

任务一　弧焊机器人的典型应用编程

【任务目标】

一、知识目标
1. 了解常用的弧焊机器人指令。
2. 掌握弧焊机器人程序的构成特点。
3. 掌握弧焊机器人的程序编写和编辑方法。

二、技能目标
1. 学会新建一个常规机器人程序。
2. 能在示教器上编辑弧焊指令。
3. 能够实现简单焊接轨迹的弧焊编程。

【任务内容】

以实训区弧焊机器人工作站模拟弧焊操作为例进行实训，分组练习编辑常用的弧焊指令，了解各焊接参数的含义。使用程序编辑器编辑、修改弧焊指令及其参数，并能按焊缝示意图总体设计机器人运行及焊接轨迹。

【必备知识】

弧焊指令的基本功能与普通 Move 指令一样，可实现运动及定位。另外，弧焊指令还包括三个弧焊参数：sm（seam）、wd（weld）和 wv（weave）。

1. **直线弧焊（Linear Welding）指令——ArcL**

类似于 MoveL，包含如下 3 个选项：

1）ArcLStart：开始焊接。
2）ArcLEnd：焊接结束。
3）ArcL：焊接中间点。

2. **圆弧弧焊（Circular Welding）指令——ArcC**

类似于 MoveC，包括 3 个选项：

1）ArcCStart：开始焊接。
2）ArcCEnd：焊接结束。
3）ArcC：焊接中间点。

3. 弧焊参数（Seamdata）——Seam

弧焊参数的一种，定义起弧和收弧时的相关参数，含义如表 4-1 所示。

表 4-1 Seam 中的参数

弧焊参数（指令）	指令定义的参数
Purge_time	保护气体管路的预充气时间
Preflow_time	保护气体的预吹气时间
Bback_time	收弧时焊丝的回烧量
Postflow_time	收弧时为防止焊缝氧化保护气体的吹气时间

4. 弧焊参数（Welddata）——Weld

弧焊参数的一种，定义焊接参数，含义如表 4-2 所示。

表 4-2 Weld 的焊接参数

弧焊参数（指令）	指令定义的参数
Weld_speed	焊缝的焊接速度，单位是 mm/s
Weld_voltage	定义焊缝的焊接电压，单位是 V
Weld_wirefeed	焊接时送丝系统的送丝速度，单位是 m/min

5. 弧焊参数（Weavedata）——Weave

弧焊参数的一种，定义摆动参数，含义如表 4-3 所示。

表 4-3 Weave 中的参数

弧焊参数（指令）		指令定义的参数
Weave_shape 焊枪摆动类型	0	无摆动
	1	平面锯齿形摆动
	2	空间 V 字形摆动
	3	空间三角形摆动
Weave_type 机器人摆动方式	0	机器人所有的轴均参与摆动
	1	仅手腕参与摆动
Weave_length		摆动一个周期的长度
Weave_width		摆动一个周期的宽度
Weave_height		空间摆动一个周期的高度

6. \On 可选参数

令焊接系统在该语句的目标点到达之前，依照 Seam 参数中的定义，预先启动保护气体，同时将焊接参数进行数-模转换，送往焊机。

7. \Off 可选参数

令焊接系统在该语句的目标点到达之时，依照 Seam 参数中的定义，结束焊接过程。

【任务实施】

请根据工作任务分小组制订工作计划，按实际完成工作计划的情况，填写表 4-4 工作页。

表4-4 工作页

时间	年 月 日		工作地点		
班级		组别		班组成员	
姓名		出勤情况		成绩	
工作计划实施步骤	步骤1:分组了解实训区弧焊类工业机器人工作站及周边环境。 步骤2:认真学习工业机器人操作的安全规范、职业操作规范、9S管理。 步骤3:练习编辑常用的弧焊指令。 步骤4:使用各焊接参数。 步骤5:按焊缝示意图总体设计机器人运行及焊接轨迹。 步骤6:测试程序				
学习收获与体会	我完成了				
	我学会了				
	我收获的经验				
	我吸取的教训				

【评价与反馈】

一、自我评价（40分）

由学生根据工作任务完成情况进行自我评价，评分值记录于表4-5中。

表4-5 自我评价表

工作内容	配分	评分标准	扣分	得分
1. 安全意识	10分	1. 不遵守安全规范要求,扣2~5分 2. 有其他违反安全操作规范的行为,扣2分		
2. 编辑常用的弧焊指令	20分	1. 编辑直线弧焊指令 ArcL,指令有错误或遗漏每处扣3分 2. 编辑圆弧弧焊指令 ArcC,指令有错误或遗漏每处扣3分		
3. 使用各焊接参数	20分	使用 Seam、Weld、Weave 等弧焊参数,参数使用错误每处扣3分		
4. 按工业机器人安全规范操作,实现按焊缝示意图编制焊接程序	40分	按焊缝示意图总体设计机器人运行及焊接轨迹,示教点遗漏或轨迹不平滑每处扣2分;发生碰撞本任务为0分		
5. 职业规范和环境保护	10分	1. 在工作过程中工具和器材摆放凌乱,扣3分 2. 不爱护设备、工具,不节约材料,扣3分 3. 在工作完成后不清理现场,在工作中产生的废弃物不按规定处置,各扣2分		

总评分=（总分）×40%

签名：　　　　　年　月　日

二、小组评价（30分）

同一实训小组的同学结合自评的情况进行互评，将评分值记录于表4-6中。

表4-6 小组评价表

项目内容	配分	评分
1. 实训记录与自我评价情况	30分	
2. 程序编写与示教	30分	
3. 相互帮助与协作能力	20分	
4. 安全、质量意识与责任心	20分	

总评分=（总分）×30%

签名：　　　　　　　　　　年　月　日

三、教学评价（30分）

指导教师结合自评与互评的结果进行综合评价，并将评价意见与评分值记录于表4-7中。

表4-7 教师评价表

教师总体评价意见

教师评分（100分）：

总评分=（教师评分）×30%

签名：　　　　　　　　　　年　月　日

任务二 点焊机器人的典型应用编程

【任务目标】

一、知识目标

1. 了解电阻焊的基础知识。
2. 熟悉点焊机器人系统的组成。
3. 掌握点焊机器人作业示教流程。

二、技能目标

1. 能按照工作任务进行信息搜索。
2. 具备快速确定TCP位置的能力。
3. 能够在30min内手动操作完成两块薄板的焊接。

【任务内容】

以实训区点焊机器人工作站为例进行实训，分组对工作站系统组成、焊钳结构等进行了解，在30min内手动操作完成两块薄板的点焊。

【必备知识】

点焊广泛应用于汽车、土木建筑、家电产品、电子产品、铁路机车等相关领域。点焊比较擅长于焊接薄板，更适合运用于工业机器人的自动化生产。

1．点焊的工艺过程

1）预压：保证工件接触良好。

2）通电：使焊接处形成熔核及塑性环。

3）断电锻压：使熔核在压力持续作用下冷却结晶，形成组织致密、无缩孔裂纹的焊点。

2．点焊的分类

点焊是电阻焊的一种。电阻焊（Resistance Welding）是将被焊母材压紧于两电极之间，并施以电流，利用电流流经工件接触面及邻近区域产生的电阻热效应将其加热到塑性状态，使母材表面相互紧密连接，生成牢固的接合部。

（1）直接点焊

直接点焊如图4-1所示。这是最基本的、也是可靠度最高的焊接方法。

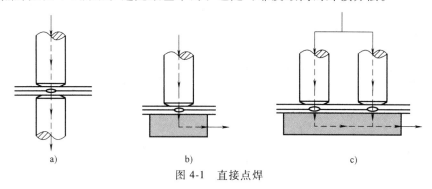

图 4-1　直接点焊

如图4-1a和图4-1b所示，相对的一对电极夹住被焊接物并施压，上下两个电极通过被焊接物的接合部使焊接电流导通。当然也有像图4-1c一样将电极分成两根进行焊接的方法，但是由于很难使加压力、接触部位的电阻完全相同，所以与图4-1a和图4-1b的方式相比，在工作效率上得到了提高，但是焊接部位的可靠性变差了。

（2）间接点焊

间接点焊如图4-2所示。被焊接物的接合部位电流，从一个电极通过被焊接物的一个部位分流通到另外一个电极的焊接方式。有时候不需要将电极相向设置，只要在单侧设置就可以进行焊接了，因此适用于焊接大型物体。

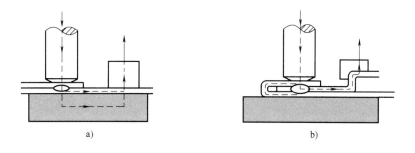

图 4-2　间接点焊

(3) 单边多点点焊

单边多点点焊如图 4-3a 所示。当一个焊接电流回路中有两个接合部时,电流将顺序依次流过这两个焊点部位并进行点焊,这是一个高效的方式。但是如图 4-3b 和图 4-3c 所示,在有些方式中,电流将在被焊接物内部进行分流,由此会产生一些不利于接合部发热的无效电流,因此不仅仅造成效率低下,有时还会对焊接质量造成坏的影响。所以为了尽量减少分流,需要尽量加大电极。当板厚不同时,需要将厚板材放在下方。

(4) 双点焊（推挽点焊）

如图 4-4 所示,双点焊（推挽点焊）在上下都配置焊接变压器,可以同时进行两点焊接。

与图 4-3 所示的单边多点点焊相比,双点焊在相当程度上抑制了分流电流,具有利于用在厚板材焊接的优点。

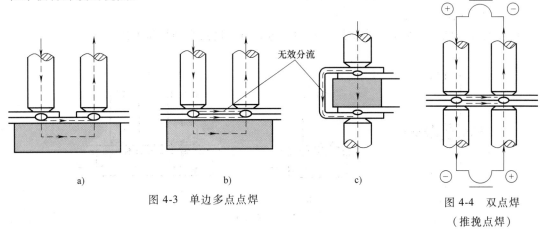

图 4-3 单边多点点焊

图 4-4 双点焊（推挽点焊）

【任务实施】

请根据工作任务分小组制订工作计划,按实际完成工作计划的情况,填写表 4-8 工作页。

表 4-8 工作页

时间		年　月　日	工作地点	
班级		组别	班组成员	
姓名		出勤情况	成绩	
工作计划实施步骤		步骤1:分组了解实训区工业机器人工作站及周边环境。 步骤2:认真学习工业机器人操作的安全规范、职业操作规范、9S 管理。 步骤3:熟悉点焊机器人系统的组成。 步骤4:了解点焊机器人 TCP 位置。 步骤5:编写点焊程序。 步骤6:测试程序		
学习收获与体会	我完成了			
	我学会了			
	我收获的经验			
	我吸取的教训			

【评价与反馈】

一、自我评价（40分）

由学生根据工作任务完成情况进行自我评价，评分值记录于表4-9中。

表4-9 自我评价表

工作内容	配分	评分标准	扣分	得分
1. 安全意识	10分	1. 不遵守安全规范要求，扣2~5分 2. 有其他违反安全操作规范的行为，扣2分		
2. 了解工业机器人工作站并学习工业机器人操作的安全规范	20分	1. 熟知工业机器人工作站，知识点不清楚每处扣2分 2. 熟知工业机器人安全规范操作，知识点不清楚每处扣2分		
3. 熟悉点焊机器人系统的组成	20分	熟知点焊机器人系统各组成部分，知识点不清楚每处扣3分		
4. 按工业机器人安全规范操作，实现点焊功能	40分	编写点焊程序，程序点错误每处扣2分 作业条件设置错误每处扣2分 发生碰撞本任务为0分		
5. 职业规范和环境保护	10分	1. 在工作过程中工具和器材摆放凌乱，扣3分 2. 不爱护设备、工具，不节约材料，扣3分 3. 在工作完成后不清理现场，在工作中产生的废弃物不按规定处置，各扣2分		

总评分=（总分）×40%

签名： 年 月 日

二、小组评价（30分）

同一实训小组的同学结合自评的情况进行互评，将评分值记录于表4-10中。

表4-10 小组评价表

项目内容	配分	评分
1. 实训记录与自我评价情况	30分	
2. 程序编写与示教	30分	
3. 相互帮助与协作能力	20分	
4. 安全、质量意识与责任心	20分	

总评分=（总分）×30%

签名： 年 月 日

三、教学评价（30分）

指导教师结合自评与互评的结果进行综合评价，并将评价意见与评分值记录于表4-11中。

表 4-11 教师评价表

教师总体评价意见
教师评分(100 分)：
总评分 =（教师评分）×30%
签名：　　　年　月　日

项目五 工业机器人自动生产线的设计

任务 工业机器人自动生产线的设计过程

【任务目标】

一、知识目标
1. 了解工业机器人自动生产线的基础知识。
2. 掌握工业机器人自动生产线设计过程及要点。

二、技能目标
1. 具备识读简单生产线图样的能力。
2. 具备工业机器人自动生产线中简单零部件设计的能力。
3. 具备工业机器人自动生产线设备维护的能力。

【任务内容】

以实训区工业机器人生产线为例进行实训,分组对工业机器人生产线的基本组成及控制原理进行了解,掌握工业机器人自动生产线设计过程及要点,并具备工业机器人自动生产线中简单零部件设计的能力。

【必备知识】

自动生产线是由流水生产线方式发展而来的。20世纪20年代美国创立了汽车工业的流水线,由此揭开了现代流水生产线的序幕。

自动生产线是产品生产过程所经过的路线,即从原料进入生产现场开始,经过加工、运送、装配、检验等一系列生产活动所构成的路线。发展现代自动化技术,用智能机器代替人的部分脑力劳动,可使人的生产和生活模式变成了人-机器/智能机器-自然界。

工业机器人自动生产线主要由机械本体、检测及传感器、控制系统、执行机构、动力源及工业机器人等组成。

（1）机械本体

自动生产线上机械本体主要是指组成生产线的各较为独立的机器,如机加工设备（车床、铣床等）、AGV小车、物流转运机构等。随着社会的发展,自动生产线上机械本体部分应朝着体积缩小,综合性更强,灵活性、稳定性更高的方向发展。

（2）检测及传感器

检测及传感器是自动生产线必不可少的部分也是控制部分的基础,检测及传感器部分可以获取信息并起到监测作用。自动化设备及生产线在运行过程中必须及时了解与运行相关的情况，充分而又及时地掌握各种信息，系统才能得到控制和正常运行。各种检测及传感器，就是用来检测各种信号，把检测到的信号经过放大、变换，然后传送到控制部分，进行分析和处理的。

目前传感器的基本原理是将非电量转化成电量，如转换为电压、电流、频率等。工业领域应用的传感器，如各种测量工艺变量（如温度、液位、压力、流量等）的、测量电子特性（电流、电压等）和物理量（运动、速度、负载以及强度）的传感器都发展较为迅速。

随着科技的发展，对传感器的要求也随之提高，主要体现在：精度的提高、测量范围的逐渐扩大、测量元件体积能耗的减小等方面。

（3）控制系统

控制系统的作用是处理各种信息并做出相应的判断，发放指令。

装在自动化设备及生产线上的各种检测元件，将测到的信号传送到其控制系统。在控制系统中，控制器是系统的指挥中心，它将信号与要求的值进行比较，经过分析、判断之后，发出执行命令，驱使执行机构动作。控制器具有信息处理和控制的功能。目前随着计算机的进步和普及与其应用密切相关的机电一体化技术的进一步发展，计算机已成为控制器的主体。例如单片机、PLC的发展逐渐取代了过去的继电器、接触器控制。单片机、PLC的广泛运用使得控制部分的性能进一步提高，从而提高了生产线的经济效益，主要表现在信息的传递和处理速度提高、可靠性增强、体积减小、抗干扰性提高等。

（4）执行机构

执行机构的作用是执行各种指令、完成预期的动作。它由传动机构和执行元件组成，能实现给定的运动，能传递足够的动力，并具有良好的传动性能，可完成上料、下料、定量和传送等功能。

执行机构包含伺服电动机、调速电动机、步进电动机、变频器、电磁阀或气动阀门体内的阀芯、接触器等。例如电梯的执行机构就是大功率的电动机，受每层楼的控制带动轿厢上下移动满足生活需求。执行机构的发展单对电动机来说，会使其向体积小、功率大、稳定性好、能耗低、速度高的方向发展。

（5）动力源

动力源的作用是向自动化设备及生产线供应能量，以驱动它们进行各种运动和操作。动力源由过去以人力为动力源发展为现在的各种动力源，如电力源、液压源、气压源、超声波、激光等动力源，其中电力源的运用是最广泛的。

（6）工业机器人

随着我国工业企业自动化水平的不断提高，机器人自动生产线的市场也会越来越大，并且逐渐成为自动生产线的主要方式。我国机器人自动生产线装备的市场刚刚起步，而国内装备制造业正处于由传统装备向先进制造装备转型的时期，这就给机器人自动生产线研究开发者带来巨大商机。

在发达国家，工业机器人自动生产线成套设备已成为自动化装备的主流及未来的发展方向。国外汽车、电子电器、工程机械等行业已经大量使用工业机器人自动生产线，以保证产品质量，提高生产效率，同时避免了大量的工伤事故。全球诸多国家近半个世纪的工业机器人的使用实践表明，工业机器人的普及是实现自动化生产、提高社会生产效率、推动企业和社会生产力发展的有效手段。

【任务实施】

请根据工作任务分小组制订工作计划,按实际完成工作计划的情况,填写表 5-1 工作页。

表 5-1 工作页

时间		年　月　日	工作地点	
班级		组别	班组成员	
姓名		出勤情况		成绩	
工作计划实施步骤		步骤1:分组了解实训区工业机器人生产线及周边环境。 步骤2:认真学习工业机器人生产线操作的安全规范、职业操作规范、9S管理。 步骤3:熟悉工业机器人自动生产线的组成及控制原理。 步骤4:学习工业机器人自动生产线设计过程。 步骤5:完成简单零部件设计		
学习收获与体会	我完成了			
	我学会了			
	我收获的经验			
	我吸取的教训			

【评价与反馈】

一、自我评价(40分)

由学生根据工作任务完成情况进行自我评价,评分值记录于表 5-2 中。

表 5-2 自我评价表

工作内容	配分	评分标准	扣分	得分
1. 安全意识	10 分	1. 不遵守安全规范要求,扣 2~5 分 2. 有其他违反安全操作规范的行为,扣 2 分		
2. 了解工业机器人生产线并学习工业机器人生产线操作的安全规范	10 分	1. 熟知工业机器人生产线,知识点不清楚每处扣2分 2. 熟知工业机器人及生产线安全规范操作,知识点不清楚每处扣2分		
3. 掌握工业机器人自动生产线的组成及控制原理	20 分	熟知机械本体部分、检测及传感器、控制系统、执行机构、动力源及工业机器人等各组成部分,知识点不清楚每处扣2分		

（续）

工作内容	配分	评分标准	扣分	得分
4. 学习工业机器人自动生产线设计流程并完成简单零部件的设计	50分	可以讲述整个设计流程并可操作三维设计软件完成简单零件的三维设计工作，知识点错误每处扣2分，无法完成零件设计扣10分		
5. 职业规范和环境保护	10分	1. 在工作过程中工具和器材摆放凌乱，扣3分 2. 不爱护设备、工具，不节约材料，扣3分 3. 在工作完成后不清理现场，在工作中产生的废弃物不按规定处置，各扣2分		

总评分 =（总分）×40%

签名：　　　　　　年　月　日

二、小组评价（30分）

同一实训小组的同学结合自评的情况进行互评，将评分值记录于表5-3中。

表5-3　小组评价表

项目内容	配分	评分
1. 实训记录与自我评价情况	30分	
2. 生产线的理解与动手实操	30分	
3. 相互帮助与协作能力	20分	
4. 安全、质量意识与责任心	20分	

总评分 =（总分）×30%

签名：　　　　　　年　月　日

三、教学评价（30分）

指导教师结合自评与互评的结果进行综合评价，并将评价意见与评分值记录于表5-4中。

表5-4　教师评价表

教师总体评价意见

教师评分(100分)：

总评分 =（教师评分）×30%

签名：　　　　　　年　月　日